E在左，mc²在右

只有一个公式的物理书

[日]山田克哉◎著　佟　凡◎译　谢　懿◎审订

$$E=mc^2$$

U0240080

北京科学技术出版社

著作权合同登记号　图字：01-2021-2247

图书在版编目（CIP）数据

E 在左，mc^2 在右 /（日）山田克哉著；佟凡译. —北京：北京科学技术出版社，2022. 7
ISBN 978-7-5714-1766-6

Ⅰ. ①E… Ⅱ. ①山… ②佟… Ⅲ. ①物理学—普及读物 Ⅳ. ①O4-49

中国版本图书馆CIP数据核字（2021）第174439号

策划编辑：陈憧憧	电　　话：0086-10-66135495（总编室）
责任编辑：陈憧憧	0086-10-66113227（发行部）
责任校对：贾　荣	网　　址：www.bkydw.cn
装帧设计：品方排版	印　　刷：河北鑫兆源印刷有限公司
责任印制：李　茗	开　　本：889 mm × 1194 mm　1/32
出 版 人：曾庆宇	字　　数：114千字
出版发行：北京科学技术出版社	印　　张：6
社　　址：北京西直门南大街16号	版　　次：2022年7月第1版
邮政编码：100035	印　　次：2022年7月第1次印刷

ISBN 978-7-5714-1766-6

定　　价：59.00元

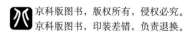

序言
——世界上最著名的公式中蕴含的物理精髓

能量、质量与光速

$E = mc^2$——无论在哪个科学领域，只要谈起现代物理学，人们都很难忽视这个极为简洁的公式的影响。笔者自1996年的《核弹》（原子爆弹）开始，在讲谈社的"BLUE BACKS"科普系列下先后出版了8本书，而 $E = mc^2$ 这一公式在每本书中几乎都有登场。

以量子力学为首，物理学，甚至可以说自然科学的各个领域，通常都是在科学家们切磋琢磨、各抒己见的过程中逐步发展起来的。然而，与 $E = mc^2$ 相关的物理学方面的发展却并非如此。

1905年，$E = mc^2$ 这个公式首次出现在一篇名为《物体的惯性是否依存于该物体所包含的能量？》（*Does the Inertia of a Body Depend upon its Energy-Content?*）的论文中，这篇论文的作者是阿尔伯特·爱因斯坦。在他的狭义相对论诞生的同时，$E = mc^2$ 这一公式也出现在我们面前。这一公式足以颠覆传统的物理观和宇宙观。

$E=mc^2$，在这个简洁的公式中，只有三个角色登场，即能量（E）、质量（m）和光速（c）。

狭义相对论的重点之一是光速不变原理。这一理论认为，宇宙中的一切速度都是相对的，但光速是唯一的例外，它拥有绝对的速度，这一速度为每秒30万千米。

也就是说，$E=mc^2$将经由常量c（确切来讲，是c^2）来说明能量与质量的等价性。所谓"能量与质量'相等'"，究竟是什么意思呢？是因为相等，所以二者能相互转换，能量可以变成质量，或者质量可以变成能量吗？如果是这样的话，那么能量究竟是什么，质量又究竟是什么呢？我们的脑海中不禁浮现出各种各样的疑问。

本书的目标，就是要解读$E=mc^2$中包含的奥秘。

咖啡杯被加热后会变重?!

让我们从身边的例子开始谈起。

假设你正一边喝咖啡一边阅读本书，喝了一口后，你觉得咖啡有些凉了，于是将咖啡杯放进微波炉中加热。那么，加热后的咖啡杯与加热前相比，会发生怎样的变化呢？

没错，在杯中的咖啡被加热后，杯子也会稍稍变热。杯子的材质不同，变热的程度会有所不同，有的杯子温度可能变得很高。（小心烫伤！）也就是说，杯子所拥有的热能增加了。

然而，咖啡杯的变化并非仅限于此。根据 $E = mc^2$ 这一公式，增加的热能会让杯子的质量也有所增加。当然，由于杯子的质量增加得很少，所以，采用现有的任何工具都无法将这部分增加的质量测量出来。但是，如果你拥有特殊的体质，能够敏感地感知到超微量的质量变化，那么你一定会感到杯子变重了——能量确实转换成了质量！

同样，质量也可以转换为能量。不幸的是，人类是通过核武器才得知这种转换的存在，其中最具代表性的就是原子弹。

当质量转换为能量时，$E = mc^2$ 中的 c^2 会发挥极为重要的作用。毕竟 c 为 3×10^5 千米/秒，数值极大。通过平方的作用，即使是很小的质量也可以产生巨大的能量。原子弹之所以具有如此大的威力，关键就在于 $E = mc^2$。

与不确定性原理的合作

能量可以转换为质量，质量同样可以转换为能量。在爱因斯坦出现之前，没有任何一个人曾拥有这种超越常识的想法。

$E = mc^2$ 的奇妙之处不止于此。通过与量子力学中支配一切粒子行动的不确定性原理的合作，$E = mc^2$ 将使更不可思议的现象产生，那就是将空无一物的空间中隐藏的能量转换为质量。

本书的读者对象是没有物理学相关专业背景的人。

所以，我会从最基础的部分讲起，为您一步步解开 $E = mc^2$ 的奥秘。当然，如果您是熟悉物理学的读者，也能够通过阅读本书而有所收获。下面，我将对本书的结构进行说明。

在第 1 章中，本书的主人公 $E = mc^2$ 中的 "m" 和 "c" 会率先登场。在这一章，我将介绍掌管自然现象的法则（即物理定律）是如何被发现的。这一章可以起到体操运动中准备活动的作用，通过进行铺垫，让读者在后面的章节中为爱因斯坦新颖的想法而感到震惊。

在第 2 章中，$E = mc^2$ 中剩余的人物 "E" 将正式登场。我们将在这一章追寻让物体产生变化的根源，也就是能量的本质。

接下来，在第 3 章和第 4 章中，我将介绍宇宙中存在的四种力，并让有助于读者理解 $E = mc^2$ 精髓的配角们登场。通过这两章的学习，您会对前两章介绍过的基础知识有更为深入的理解。在这两章，您会与以 "场" 为首的物理学中的关键词们相遇。

本书的高潮部分是第 5 章。这一章将深入探究 $E = mc^2$ 带来的全新宇宙观。光速 c 为何是绝对速度，$E = mc^2$ 中为何会出现平方，能量与质量等价又究竟是什么意思……这些谜题将会得到一一解答。

最后，在第 6 章，我们将在介绍宇宙初期发生的暴胀与大爆炸等重要事件的同时，进一步挖掘正处于现在进行时的宇宙进化与 $E = mc^2$ 之间的关系。本章还会提及质量（m）的诞生与 $E = mc^2$ 之间出人意料的关系。

世界上最著名的公式中蕴含的物理学精髓究竟是什么？请各位读者带着愉快的心情读到最后吧。

山田克哉
2018年初春于洛杉矶郊外

目　录

第4章 "人类无法感知的世界"的奥秘

第5章 $E = mc^2$ 的奥秘

第6章　真空能量的奥秘

第 1 章

物理学的
奥秘

——发现掌管自然现象的法则

基本粒子——这不可思议的存在

物理学中所谓的"基本粒子"，着实是一种非常不可思议的存在。这种粒子不存在内部结构，而是像点一样的存在。

点并非物理学意义上的物体，而是数学意义上的存在。因为点指的是空间中的某个位置，它的确切体积为零。因此，无论在多么微小的空间中，都会有无数个点存在。

包括我们的身体在内，一切物质都是由几种神奇的基本粒子组合而成的。无论是多么微小的物质，构成它的基本粒子，数量（并非种类）都极为庞大，能达到几亿乘几亿再乘几亿那么多。

不过，物质并非只由上述基本粒子构成。如果没有"浆糊"将这些数量庞大的基本粒子黏在一起，物质将无法形成一个整体。非常神奇的一点是，科学研究发现，在物质中发挥"浆糊"作用的，同样是基本粒子。也就是说，基本粒子可以分为以下两种。

① 构成物质的基本粒子。这种基本粒子被称为"费米子"。

② 黏住构成物质基本粒子（费米子）的基本粒子。这种基本粒子被称为"玻色子"。

费米子之间会像进行抛接球一样交换玻色子，从而产生黏着力，将费米子黏在一起。费米子借由玻色子而结合的现象称为"费米子之间的相互作用"。这是解释原子的形成或放射性物质如何发出射线等问题的标准理论模型，关于这一点将在稍后详述。

构成人体的细胞有38万亿个之多，其中的每一个细胞都是由费米子和玻色子组成的。生命体具有各种各样的特征，而没有内部结构的基本粒子本身并不具备其中任何一个特征。单独的基本粒子无法被称为是有生命的，然而当众多费米子聚集起来，并通过玻色子的作用黏在一起构成细胞时，不知为何，生命就诞生了。

细胞是有生命的。没有生命的基本粒子汇集在一起就出现了生命，这真是不可思议。根据生物学中的细胞理论，拥有生命体特征的最小单位是细胞，而不是基本粒子。

具有生命的各种物质究竟是由什么构成的，这是一项极为重要且有意义的课题。不过，在研究这一点之前，我们首先要了解由物质构成的物体所遵从的物理法则。

当我们把球的运动作为一种现象来进行研究时，没有必要思考这个球是由什么样的基本粒子构成的。不考虑物体的内部构造，直接研究物体的运动过程，这就是我们需要理解的物理法则。

你可以解释清楚地球运动的原因吗？

在这里，首先向大家介绍一项有趣的调查结果。针对太阳每天一定会东升西落这一现象，我们调查了一些孩子，询问他们是地球在动还是太阳在动。这些孩子还没有在学校学过天文学知识，也没有从父母口中了解过相关话题。调查结果显示，部分孩子回答"不知道"，回答"地球不动，是太阳在动！"的孩子占绝大多数。

这一结果并不难理解。大人学过天文学基础知识，所以知道实际上是地球在动。但是，这是为什么呢？你能向那些充满活力地回答"地球不动，是太阳在动！"的孩子们解释清楚其中的原理吗？

每到夜晚，就算不用望远镜，我们也能在天空中看到许多恒星和行星。如果我们耐心地观察恒星和行星一年以上，就会发现，在不同的时期，它们的位置会发生改变。也就是说，这些恒星和行星和太阳一样，看起来是相对于地球在进行运动的。结果就出现了一种看法，认为所有天体都在围绕着地球进行运动，这就是历史上著名的"地心说"。

除地球外，太阳系还有七颗行星，分别是水星、金星、火星、木星、土星、天王星和海王星。这些行星与地球的距离相对较近，因此，人们能够细致地观察它们的运动。通过观察，我们知道，这七颗行星不仅相对于地球来讲是运动的，它们相对于一些从地球上看上去是静止的、距离地球很远的天体来讲，同样是运动的。对于这一现象，人们很难进行解释。

不断仰望星空的天文学家们还发现，太阳系中的其他行星和月球一样，会出现盈亏现象。特别是金星，它的盈亏现象在很久以前就被观测到了，但是当时的人们很难解释其中的原理。

还有一个让人难以解释的现象，那就是火星的运动方式。观测发现，火星会不断重复在特定的时期进行顺行和逆行的过程。也就是说，从地球上看，火星并非和太阳一样始终按照一定的方向运动，而是会在中途改变方向，相对于地球作往复运动。

此外，观测还发现，太阳要比地球质量大。对于这一现象，天文学家们同样无法轻易给出解释。毕竟无论怎么看，质量大的物体（太阳）绕着质量小的物体（地球）旋转都是不正常的现象。质量小的物体绕着质量大的物体旋转才正常，才符合物理法则。

当时的天文学家们尝试对这些现象进行解释，然而这些解释都非常牵强，无法令人满意。

然而，如果不按照太阳绕地球旋转，而是按照地球绕太阳旋转去想的话，一切都能用富有美感的方式解释清楚了。在物理法则中，美是不可或缺的。

和孩子们凭直觉做出的回答相反，在太阳系中，太阳是保持相对静止的，地球在围绕着太阳旋转。持这种看法的"日心说"，才符合极富美感的物理法则。

最初将"日心说"呈现给世人的是波兰天文学家哥白尼。随后，意大利天文学家伽利略使用自制望远镜进行观测，其观测结果为"日心说"提供了可靠的依据。

在伽利略所处的时代，"地心说"获得了绝大多数人的支持，主张"日心说"的伽利略被当作异端，接受了宗教审判。据说，在收到有罪判决后，伽利略曾喃喃自语道："但是地球仍然在转动啊！"这句话虽然非常有名，但可能并非出自伽利略之口，而是他的弟子们后来编造出来的。

和伽利略生活在同一时代的德国天文学家开普勒进一步发现了物理的奥秘。他发现，太阳系中的行星在围绕太阳旋转时，其运行轨道并不是圆形的，而是椭圆形的。同时，他还发现了行星运动的三大定律，这三大定律现在作为"开普勒定律"已广为人知。

开普勒第一定律——行星的运行轨道是椭圆形的，太阳并非位于椭圆的中心，而是位于稍稍偏离中心的位置。因此，在行星以椭圆形的轨道绕太阳运行时，会出现距离太阳最近的点（近日点）和距离太阳最远的点（远日点）。太阳所处的位置被称为椭圆的"焦点"（椭圆有两个焦点，太阳所处的位置是其中一个）。

开普勒第二定律——行星在靠近近日点时会逐渐加速，到达近日点时速度最快。通过近日点后，在靠近远日点的过程中会逐渐减速，到达远日点时速度最慢，而通过远日点后又会逐渐加速。（行星运动的轨迹如图1-1所示，请在脑海中想象它们运行时的样子。）

开普勒第三定律——行星的轨道距离太阳越远，其绕太阳一周所花的时间就越长。也就是说，距离太阳越远的行星绕太阳运转的周期越长。

太阳系中的任何一颗行星都不是在随意绕着太阳旋转，而是在按照开普勒发现的这三条定律进行运动。然而，尽管开普勒发现了行星运动的规律，但是对于为什

图1-1

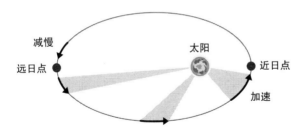

此图为了强调椭圆的形状进行了夸张，实际上行星的轨道接近圆形。

么会形成这样的规律，他未能做出合理的解释。为了找出其中的奥秘，我们必须等待更有才能的人出现。

牛顿发现"运动定律"

牛顿出生于伽利略去世后的第二年，也就是1643年。牛顿的数学和科学成绩从小就很好。1661年，牛顿进入剑桥大学学习。在那里，他遇到了非常优秀的老师，并学习了笛卡儿、哥白尼、伽利略和开普勒等著名学者的研究成果。

1665年，牛顿在鼠疫席卷伦敦、剑桥大学被封锁前毕业，回到了故乡林肯郡。在留在故乡的一年半时间里，他取得了多个重大发现。

在牛顿登场前，伽利略已经提出了一个想法，那就是：静止的物体在不受任何外部干涉的情况下将永远保持静止；此外，以一定的速度进行运动的物体在不受任何外部干涉的情况下，将始终保持匀速直线运动。这就是我们现在所说的物体的"惯性"。

让静止的物体开始运动的唯一方法，就是在这个物体上施加外力。从施加外力的那一瞬间开始，物体就拥有了某个速度。静止的物体运动速度为零，在施加外力的瞬间，就会出现不为零的某个速度，即通过对物体施加外力，它的运动速度将由零变为某个速度。

大家应该知道，运动速度的增加被称为"加速"。从上面的讲解可以看出，物体运动速度的增加，即加速，是力导致的。

牛顿基于伽利略的想法，发现了"（牛顿）运动定律"。他将伽利略提出的物体惯性的概念进行了法则化，并给出了以下三个运动定律。

牛顿第一运动定律——任何物体都在保持匀速直线运动状态或静止状态，直到外力迫使它改变运动状态。这就是我们平时所说的"惯性定律"，详细内容将在稍后进行介绍。

牛顿第二运动定律——物体加速度的大小，与作用力的大小成正比，与物体的质量成反比；加速度的方向与作用力的方向相同。加速，是指速度随着时间而增大。如果在物体上持续施加外力，该物体将在该外力作用的方向上加速。力是物体加速的原因。加速的程度（加速度）由该物体具有的质量决定。由于物体的重量与质量成正比，因此根据这一定律，越重的物体越难以加速，越轻的物体越容易加速。

牛顿第三运动定律——相互作用的两个物体间作用力和反作用力总是大小相等、方向相反，作用在同一条直线上。本定律的详细内容也将在稍后进行介绍。

也许大家无法很快理解这三个定律，不要紧，只要理解牛顿三大运动定律奠定了近代物理学的基础就好了。

牛顿运动定律的重点是：有外力作用于静止的物体时，物体才会进行运动；开始加速的物体，必然被施加了某种外力。一切物体的运动都遵守牛顿运动定律，因此，牛顿运动定律成了"自然法则"。

现如今，在设计汽车、飞机和船舶时，牛顿运动定律仍然是不可或缺的。牛顿本人当然没见过汽车和飞机，但是他发现的物理学奥秘却拥有如此强大的力量。

牛顿发现的运动定律也与之后的物理学新发现有所关联。这三条定律中描述的物体的运动规律被称为"牛顿力学"。尽管牛顿力学至今仍活跃在物理学领域，但是它却无法解释原子的内部构造和基本粒子的运动方式。要揭开这些谜团，必须发现更深层的自然法则。不过，在物体运动领域，牛顿力学进行的解释已经足够充分。从这一点来说，牛顿力学奠定了近代物理学的基础。

引力——在空无一物的空间中进行传递的不可思议的力

在确立运动定律的同一时期，牛顿还发现了另一项重要的自然法则，那就是"万有引力"。牛顿为描述行星运动的开普勒三大定律提供了强有力的理论支持，并在此基础上发现了万有引力定律。

牛顿将自己提出的第一运动定律和第二运动定律套用在了月球围绕地球转动这一运动上。刚才已经提到，牛顿第一运动定律的内容是，一切物体一旦开始运动，就会有始终保持匀速直线运动的欲望（所谓"匀速直线运动"，是指完全不改变速度和方向的运动），这种性质被称为"惯性"。惯性的量度就是物体的质量（m）。

装满货物的大卡车质量较大，而小汽车质量较小。物体的质量即所含物质的量。物体的质量越大，其保持匀速直线运动的欲望越强，越讨厌改变速度与方向。质量较大的大卡车，即使你踩下刹车，也无法立刻停下，而是会慢慢停下来。而质量较小的小汽车，其保持匀速直线运动的欲望相对较弱，因此，相对于大卡车来说，更容易停下来。

如果没有外力（包括摩擦力）的存在，物体绝对不会改变运动的速度和方向。物体完全不改变运动方向，就意味着它会始终保持直线运动。

要想改变物体的运动速度或运动方向，必须对物体施加某种力。对光来说也是如此，如果没有某种力的存在，光是不会改变运动方向的。这个问题我们将在后文进行详细讨论。

言归正传，月球围绕地球转动这一事实说明月球并没有在做直线运动。要想让月球绕着地球做圆周运动，就必须不断改变它的运动方向，而这需要一种始终与月球运动方向垂直的力。

那么，究竟是谁提供了这个力呢？是地球。月球和地球未通过任何中间体而互相牵引。牛顿灵光一闪，发现了这个事实。

通过研究，牛顿还发现，让地球和月球相互牵引的力量之源就在于它们各自拥有的质量。地球的质量约为 5.97×10^{24} 千克，月球的质量约为 7.34×10^{22} 千克。也就是说，月球的质量约为地球的1/81。地球相对于月球的巨大质量带来了将月球拉向地球的巨大力量。

由质量引起的力被称为"引力"。引力可以在空无一物的空间中传递。尽管这听起来很神奇，但我们可以从自身的体重或物体的重量上，切身体会到地球引力的存在。

请看图1-2中画出的太阳系。在太阳系中，太阳的体积非常庞大（由于太阳体积庞大，为了较好地显示八大行星，本图只绘出了太阳的局部），且其质量占到了整个太阳系质量的99.9%。

图1-2 小行星带 彗星 土星 海王星 月球 金星 火星 天王星 水星 地球 太阳 木星

太阳具有巨大的质量，因此，其产生的引力同样非常巨大，太阳系内的所有行星都受到太阳强大引力的影响而无法保持直线运动。这一力量造成的结果，就是行星的运动方向会朝着太阳弯曲，行星会绕着太阳进行圆周运动（行星的运行轨道实际上是椭圆形的，见图1-1）。

包括地球在内的八大行星都在太阳的引力作用下，始终围绕太阳旋转。行星与太阳之间的引力大小由以下两个量决定：一是该行星质量（m）与太阳质量（M）的乘积（mM），二是该行星与太阳之间的距离。行星的质量越大，受到来自太阳的引力就越强；行星与太阳之间的距离越远，受到来自太阳的引力就越弱。反之亦然。

在这里，非常重要的一点是，引力与两个物体的质量之积（mM）成正比。因此，在距离保持不变的情况下，只要其中一个物体的质量增加，它们之间的引力就会变大。在上面这个例子中，太阳的质量（M）是固定的，会发生变化的是行星的质量（m）。但是，m 和 M 的任何一方发生变化都会引起引力的变化。就算对于地球和蚂蚁这种质量差距极大的对象来说，情况也是如此：即使蚂蚁 B 比蚂蚁 A 的质量大一点点，地球与蚂蚁 B 之间的引力也会比与蚂蚁 A 之间的引力大。

只有存在可以作用的对象时，引力才会产生。也就是说，引力是一种相互作用。太阳系中的每一颗行星，每时每刻都会通过引力与太阳进行相互作用。

万有引力为何普遍存在？

八大行星之所以不会逃离太阳系，是因为它们都受到了太阳引力的制约。引力的源头在于行星和太阳各自拥有的质量。每颗行星与太阳都通过引力相互牵引。

同样，地球上的所有物体也都拥有质量。请想象一下，在水平的桌面上放一个网球和一个棒球，两者之间相隔了一定的距离（如图1-3），棒球比网球略大也更重。

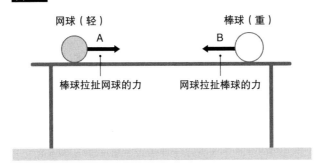

图1-3

网球（轻）　　　　　　棒球（重）

A　　　　　　B

棒球拉扯网球的力　　　网球拉扯棒球的力

箭头方向表示力的方向，箭头长度表示引力的大小。

由于这两个球都具有质量，而质量是引力之源，因此这两个球会像太阳与行星一样相互吸引。这里需要注意的是，两个球之间的引力方向是横向（水平方向）的。

上图中，箭头A代表棒球对网球的引力，箭头B代表网球对棒球的引力。网球和棒球通过引力相互拉扯，而中间空无一物。

既然引力是一种力，那么，放在桌面上的两个球，因为引力的作用，应该会向着对方移动，并逐渐加速，最终撞在一起。但在现实生活中，这种现象绝对不会发生，两个球会始终停在原处。这是为什么呢？因为球与桌面之间存在摩擦，是摩擦力妨碍了它们运动。球受到的摩擦力，与两个球之间的引力方向相反。如果引力与摩擦力大小相等，那么，两个力就会相互抵消，球受到的合力为零，因而不会运动。当两个球之间的引力超过摩擦力时，球确实会运动并逐渐加速。但是，由于它们的质量太小，所以它们之间的引力实在无法战胜摩擦力。

那么，如果将质量为5万千克和10万千克的两个物体放在坚固的水平地板上，会出现什么情况呢？它们仍然会保持静止，因为即使是质量如此大的物体，它们之间的引力依然无法战胜它们与地板之间的摩擦力（摩擦力的大小与物体的质量成正比，质量越大的物体所受的摩擦力也越大）。

既然如此，如果用足够强韧的金属丝将它们悬挂在天花板上呢？这一次，由于两个物体都不与地面接触，因此不存在摩擦力的影响。但尽管如此，我们依然无法观察到两个物体相互靠近，因为它们之间的引力实在太弱了。

接下来，让我们试着将两个球中的一个换成质量极大的物体。质量极大的物体？比如说呢？没错，就是地球，地球的质量有 5.97×10^{24} 千克那么大。

两个球，一个是棒球，一个是地球。这样一来，我们就能轻松观察到引力的效果了。位于一定高度的棒球看似没有受到特别的外力，却会在我们轻轻放手后加速下落。

接下来，让我们忽略空气阻力的影响，继续进行讨论。

我们所说的引力效果，指的是被命名为"引力"的力让物体加速的效果。我再重复一遍，力的效果等于加速。

请看图1-4。在这里，我们忽略其他因素，如空气阻力，只考虑地球和棒球。地球和棒球各自拥有质量，并通过引力相互拉扯。在地球拉扯棒球的同时，棒球也在以完全相同的力量拉扯地球。这时，棒球朝着地球加速运动。尽管棒球也在以完全相同的力量拉扯地球，地球却纹丝不动。这是为什么呢？

图1-4

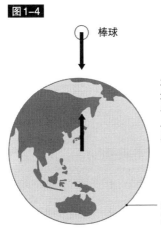

棒球

本图只是示意图，图中的棒球和地球的大小比例并不准确。因为与地球相比，棒球小到无法在图上画出来。考虑到纸张的大小，只能不得已画成现在的样子。

—— 悬浮在太空中的地球（没有被固定住）

　　地球之所以会纹丝不动，是因为它拥有巨大的惯性。物体的质量越大，惯性就越大。地球拥有极大的质量，所以，就算受到了来自棒球的引力，它依然会保持原有的运动状态。而质量较小的棒球，则在地球引力的作用下，运动状态发生了改变。

　　由于力（这里指引力）会让物体加速，所以棒球会加速下落。图1-4中有两个箭头，其中，从棒球中心向下延伸的箭头代表地球对棒球的引力，从地球中心向上延伸的箭头代表棒球对地球的引力。箭头的长度表示引力的大小（箭头越长，引力越大）。但是，因为地球的质量过大，所以即使受到了棒球的引力也不会改变原有的运动状态。

图中两个箭头的长度完全相等（即力的大小相同），不同的只是箭头的方向。也就是说，就算两个物体的质量不同（哪怕差异极大），它们从对方处受到的引力大小也是完全相同的。这两个力，一个被称为"作用力"，另一个被称为"反作用力"。

√　作用力＝反作用力（无论力大或小，该定律均成立）

上面这个定律被称为"作用力—反作用力定律"，也就是牛顿第三运动定律。引力的大小是由物体的质量决定的。就算两个物体中，一方的质量极小（比如只有1千克），另一方的质量极大（比如有1×10^{10}千克），这二者对对方施加的引力大小也是完全相同的。重点在于，引力与两个物体质量的乘积成正比。对任意两个特定的物体来说，它们质量的乘积是一定的，因此，两个物体从对方身上受到的引力也是完全相同的。

在二者距离保持不变的情况下，只增加其中一个物体的质量，二者受到的引力都会增加，而且增大的数值相同。这遵循作用力—反作用力定律。

在前面，我们举了地球和蚂蚁这样质量相差巨大的极端示例。根据作用力—反作用力定律，这二者同样会对对方施加同样大小的引力。蚂蚁和地球在以同样大小的力量相互拉扯？你不相信吗？这的确让人难以置信，但事实就是如此。请务必理解作用力—反作用力定律的重点。

牛顿发现，物体的质量是产生引力的源头。而包括人体在内，一切物体都拥有质量。就算物体的质量很小，无法被测量出来，也会与其他物体相互吸引。在引力问题上，物体的种类不是影响因素，引力只与质量（物质的量）有关。

宇宙中，任何两个物体之间，必然存在引力。也就是说，万物皆有引力。因此，这种力被称为"万有引力"。引力与两个物体质量的乘积成正比，与物体间距离的平方成反比。这一规律是牛顿在22岁时发现的，被称为"牛顿万有引力定律"。

不止是太阳系中的天体，一切天体的运行都遵循牛顿万有引力定律。物体运动加速的原因在于力，只要力没有消失，物体就会永远处于加速状态。引力也是力，因此，引力也会使物体运动加速。

只要物体不突然从这个世界上消失，它所受到的来自地球的引力就不会消失。地球引力造成的物体运动加速会一直持续到物体到达地面。

但是，物体只有在没有空气的情况下才会产生加速。现实环境中，物体在下落过程中会受到来自空气的阻力，向下的引力与向上的空气阻力相互抵消，合力为零。物体只会在下落的瞬间加速，然后空气阻力就会出现，让物体的下落速度保持稳定。因此，从天空中跳下的跳伞运动员就算不打开降落伞，也会以匀速下降。同理可知，雨滴也会从天空中匀速落下。

质量与重量的差异

刚才我曾经说过，物体的种类不会对引力产生影响，引力只与质量（物质的量）有关。各位读者，你们知道质量与重量的区别吗？

在 $E = mc^2$ 这个公式中，"m" 指的是物体的质量。为了能够准确理解这个公式中能量与质量等价的意义，我们需要准确地理解质量的概念。

请再次回到图1-4。图中，棒球持续受到来自地球的引力，这股引力的大小就是棒球的重量。也就是说，重量指的是物体所受到的引力，它与质量存在着本质的差别。棒球受到的地球引力的大小就是棒球的重量。

地球上的物体，重量与质量成正比（质量越大，物体就越重）。如果将图1-4中的棒球放到月球表面的话，会发生什么情况呢？

质量是物质的量。所以，就算放在月球上，棒球的质量也完全不会改变。但是，同一个棒球，在地球上和在月球上的重量是有很大差异的。这是为什么呢？

请不要忘记，质量才是引力之源。相对来讲，月球体积较小，直径大约只有地球的1/4（图1-5），质量也大约只有地球的1/81。由于月球的质量较小，所以，同一个棒球，在地球上和在月球上，重量相差很多（在月球上的重量大约只有在地球上重量的1/6）。

棒球的质量，无论放在哪里都一样；但是，它的重量

图1-5

月球

地球

在地球上和在月球上却差异很大。造成这一现象的原因就在于地球与月球质量的差异，也就是说二者产生的引力差异。如果将同一个棒球放在火星上，你一定会发现，它在火星上的重量与在地球上和在月球上的都不一样。

不止是棒球，所有的物体，无论是被放置在什么样的行星上，其质量都不会发生变化。但是，由于行星的质量不同，所以，在不同的行星上，同一物体的重量会有所不同。如果被放置的对象是人，那么，人的质量不会改变，人的体重则会发生变化。

在同一颗行星上，某一物体的重量与该物体的质量成正比。例如在地球上，如果某一物体的质量加倍，那么它的重量也会加倍。我们的体重（重量）如果出现增减，那就说明我们身体的质量发生了变化。

两种质量

质量可以分为两种，一种叫"惯性质量"，一种叫"引力质量"。

从字面上看，惯性质量应该与惯性有很大的关系。前面我们说过，如果没有外力（包括摩擦力）的影响，一切运动的物体都会保持最初被赋予的匀速直线运动状态。这种想要永远保持匀速直线运动状态的欲望就是惯性。惯性的量化表现就是惯性质量。

惯性质量大的物体不会轻易改变自身的运动速度和运动方向。比如，大卡车之所以难以刹车或转弯，正是因为它的惯性质量大，而惯性质量小的小汽车则不同。

速度变化其实就是"加速"。也就是说，物体的惯性质量可以体现出使它加速的难易程度。一切物体都拥有惯性质量。

那么，引力质量又是什么呢？

如前所述，相隔一定距离的两个物体之间一定有引力在发挥作用。两个物体会在引力的作用下加速靠近。这股引力由物体的质量产生，引力的源头——质量——就是引力质量。

如果将万有引力定律用更准确的方式表述出来的话，可以写作：引力的大小与两个物体引力质量的乘积成正比，与它们之间距离的平方成反比。所有物体都拥有引力质量，因此引力是"万有"的。

从结论上看，一切物体都同时具有惯性质量和引力质量。单纯从惯性质量和引力质量的定义来看，对同一个物体来说，这两个质量并不需要一定相等。但是牛顿却发现，这二者完全相等。他认为，一个物体所具有的质量，既可以是它的惯性质量，又可以是它的引力质量。

牛顿是如何发现这一事实的呢？答案就藏在伽利略在比萨斜塔上针对自由落体运动进行的著名实验中。

这一实验想要研究的是，当一个人站在塔上，两手分别拿着质量不同的物体，如果同时放手，哪一个物体会率先落地。按照一般的想法，质量大的物体下落速度更快，因此会率先落地。但是实验证明，无论物体质量大小，只要在同一高度同时松手，两个物体就会分秒不差地同时落地。当然，更严谨来讲，这一现象只有在没有空气阻力的情况下才会出现。

这一实验结果意味着，一切物体，无论质量大小，都会以完全相同的加速度下落。所谓"加速度"，是指每秒钟增加的速度。

请想象在相同的高度同时放开手中的两个物体，然后每隔一秒拍一张照片来记录它们所处的位置（图1-6）。结果你会发现，虽然照片的拍摄时间始终间隔一秒，但每一秒物体下落的距离却并不相同，而是会逐渐增大，这说明物体下落的速度在增加。而且，质量不同的物体A和物体B在每一秒内增加的速度是完全相同的，因此，这两个物体在下落过程中始终保持在一条水平线上。(各个时刻表示速度的箭头长度也完全相同。)

接下来，让我们在只考虑惯性质量的情况下继续进行讨论。质量较大的物体B比质量较小的物体A拥有更大的惯性质量。物体的惯性质量大，意味着它更不喜欢发生速度变化。因此，惯性质量大的物体B在下落过程中难以加速，速度不会增加太多。

图1-6

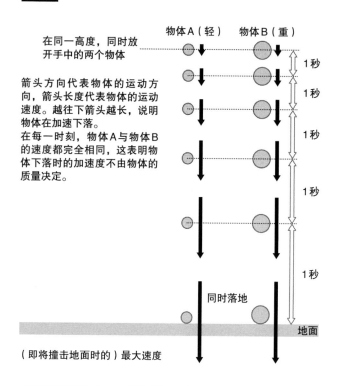

本图描绘的是在同一高度同时放开两个不同重量（质量）的物体后，这两个物体呈现出的下落运动过程。在每一时刻，双方的箭头长度都完全相同，两个物体在下落时总是保持在同一水平线上。

　　另一方面，惯性质量较小的物体A想要永远保持同一速度的欲望（惯性）较小，因此，它并不会像物体B那样讨厌速度的变化。也就是说，相比之下，物体A更容易被加速，速度的增长会比物体B大。

　　根据以上的讨论，我们可以得出结论：物体A的下落速度会比物体B快，物体A会率先到达地面（注意：这与我们通常认为的相反！）。然而，这两者会完全同时落地。

这究竟是怎么回事呢?

从同样的高度同时放开两个质量不同的物体,要想让它们同时落地,两个物体必须以完全相同的条件被加速。因此,讨厌被加速的物体B就必须得到比物体A更强的加速。

增强加速的唯一方法就是持续施加更大的力。为了让物体A和物体B得到完全相同的加速度,就必须给加速度较小的物体B施加更大的力(牛顿第二运动定律)。现实中,物体A与物体B得到了完全相同的加速度,这说明质量较大的物体B身上一定被施加了更大的力。由于作用在物体身上的引力就是该物体的重量,所以,物体B比物体A要重。

从以上的考察中,牛顿得出了结论:为了让地球上的所有物体都能够以完全相同的加速度下落,每个物体拥有的惯性质量和引力质量必须完全相同。以质量为10千克的物体为例,10千克在表示引力质量的同时也表示惯性质量(为了防止产生误会,我要事先说明,这里所说的物体拥有的质量既可以是惯性质量也可以是引力质量,并不是说物体同时拥有两个质量)。

到了20世纪,爱因斯坦基于"惯性质量=引力质量"这一思考方式,为我们带来了更具革命性的引力理论。

牛顿没能解释清楚的奥秘——超距作用

牛顿虽然完成了发现万有引力这一伟业,但实际上在某个有关引力的问题上，他却得出了完全错误的结论。

牛顿认为，当一个物体向另一个物体施加引力时，引力是在一瞬间被传递过去的，他将此称为"超距作用"。

让我们以地球和太阳为例进行思考。这二者间距离约1.5亿千米。根据牛顿的想法，地球和太阳都拥有引力质量，引力可以在一瞬间跨过1.5亿千米的距离传递过来。这也就意味着，引力跨越空间的速度是无限大的。

现在，牛顿的这一想法已被证明是完全错误的。实际上，引力在真空中传播的速度是有限的，这一速度与光的速度相等。光速为每秒30万千米，用"c"表示。在这里，本书的主角之一"c"登场了。

请大家注意光速的值——每秒30万千米。引力以光速跨越太阳与地球之间的1.5亿千米，只需约8分钟。太阳发出的光到达地球也只需约8分钟。根据爱因斯坦提出的相对论，速度是有上限的，这一上限正是光速。在宇宙中，不存在比光速快的速度。

你问这是为什么？在下一章，我将对此进行详细说明，敬请期待。

由于速度存在上限，所以牛顿提出的超距作用，即引力会在一瞬间跨越空间是错误的。关于这个问题，我也会在下一章进行详细讨论。

有趣的是，伟大的牛顿发现了众多物理学奥秘，然而在电磁学这一领域却几乎毫无建树。究其原因，可能与他在超距作用上犯的错误有关。

人们在很久之后才发现，牛顿力学最大的缺陷是完

全没有考虑光速 c 的存在。但这绝非失败，因为牛顿力学在处理移动速度远比光速慢的物体运动问题时非常有效。但是，如果用它来处理速度接近光速的运动问题，牛顿力学就会彻底失效。

在牛顿的时代之后发展起来的所有解释电磁现象的理论中都有光速 c 的介入。"光速 c"是爱因斯坦的理论建构中不可或缺的关键词，他从电磁理论中获得灵感，构想出了狭义相对论。就像我在本书第5章中介绍的那样，狭义相对论中一定会包含光速 c。

※

在本章中，$E = mc^2$ 中的"m"（质量）和"c"（光速）相继登场。

在接下来的第2章中，"E"（能量）将登场。能量是如此重要，甚至可以说，没有能量就没有宇宙。接下来，就让我们聊一聊有关"E"，也就是能量的话题。

第2章

能量的
奥秘

——让物体产生"变化"的根源

能量——这个抓不住的东西

"各位，现在我的右手中握有能量。你们能看见吗？"

每一次向文科生介绍能量时，我总会以这句话开始。能量是非常抽象的存在，看不见、摸不着。能量是什么？这个问题很难回答。可是，如果不使用"能量"这个概念，我们不仅难以对物理学（包括宇宙物理学）进行解释，甚至对化学、工学、生物学以及其他所有自然科学，都无法从学术角度进行说明。

在物理学课本中，对能量的定义是量化的：能量是物体对外做功的量，而功则等于力与距离的乘积。但这个解释却让人完全摸不着头脑！有人能看懂这个解释吗？

如果说能量会做一些事，那么它做的事究竟是什么呢？比如，对原本静止的物体施加能量后，该物体就会开始运动？对已经开始运动的物体施加能量后，它的运动速度会发生变化？又比如，对某一物体施加能量，会诱发其内部的化学反应，导致物体变色？再比如，被施加能量的物体，温度会上升？

此外，包括我们人类在内的所有生物在日常生活中都会消耗能量。因此，生物必须从某种能量源中不停地获取能量。这种现象遵循在下文中很快就会提到的"能量守恒定律"。

一般情况下，能量是引起物体的物理性质或化学性质改变（或二者同时改变）的源头。能量有各种各样的形态，如热能、化学能、电磁能（包含光能）、动能、核能（原子能）等。

各种形态的能量都可以转化为其他形态。例如，储存在汽油中的化学能首先要通过化学反应转化为热能，然后热能再经由发动机带动车轴，转化为动能，这样一来，汽车才能够行驶。又如，火力发电会使储存在燃料中的化学能，先转化为热能，再转化为电能。而在核能发电中，能量则会按照"核能→热能→电能"的顺序改变形态。我们平时使用的照明工具，它所释放的光能是由电能转化而来的。而太阳能发电则与此相反，是将光能转化为电能的过程。

本书的主题 $E = mc^2$ 经由光速（c）的存在，说明了能量（E）与质量（m）的等价性。也就是说，能量甚至可以转化为质量。这个话题，我们将在稍后讨论。

能量源自何方?

虽说我们人类已经发现很多自然法则，精通各种物理原理，但依然有不少无法做到的事情。比如说，我们无法创造出任何形态的能量。也就是说，能量绝对不能"无中生有"。

我们所能做的，只是挖掘宇宙中已经存在的能量之源，并对其加以利用。比如，开采石油，利用其中的化学能；或者是制造太阳能电池板，将光能转化为电能。

能量不可能被随意创造出来。同样，能量也不会随意消失。应当说，能量不会消失，只是转化成了另一种形态。

从刚才举过的汽车的例子来看，汽油中的化学能通过燃烧转化为热能，然后再由热能转化为动能。但是，储存在汽油中的化学能不可能完全转化为动能——其中一部分热能消耗在了加热发动机和车体上，部分热能随着尾气被排出。

不过，如果将转化形成的动能、加热引擎和车体时使用的热能以及随着尾气排出的热能全部加在一起的话，我们就会发现，其总量与一开始储存在汽油中的能量是完全相等的，没有任何一点能量消失。

这是为什么呢？目前还没人知道。

说到这里，能量守恒定律终于登场了。

能量守恒定律

能量守恒定律包括以下两条内容：一是能量不会凭空产生，二是能量不会凭空消失。

能量不会凭空产生或者消失，换句话说，就是通过某种方法被赋予的能量，其总和不会随着时间的流逝而发生改变。如果有一处的能量减少，那么另一处的能量就必须增加，能量的总和始终保持不变。

仔细想一想的话，这一定律真的非常不可思议。根据我们一般的认知，无论是人、汽车还是发电站，只要在活动或者运转，就一定会消耗能量。这难道不与能量守恒定律相矛盾吗？

拿长跑来说吧。长跑会消耗储存在人体内的化学能，其证据是人会越跑越累，并且感到饥饿。那么，消耗的能量究竟到哪里去了呢？其实，它们转化成了长跑时的动能。由此看来，用"消耗"一词来表述能量的变化其实并不恰当。

发现能量守恒定律的，是英国物理学家焦耳。能量的单位"焦耳"，就是以他的名字命名的。

力学中的能量——能量的基本形态

接下来，让我们详细了解一下能量的最基本形态——力学中的能量吧。

力学中的能量有两种：动能和势能。

某个物体（或某个粒子）的动能，是指该物体（或粒子）运动的能量。它的大小取决于该粒子（或物体）的运动速度（速度越快，动能越大）。在牛顿力学中，质量为 m 千克的物体以 v 米每秒的速度运动时，该物体所拥有的动能为 $\frac{1}{2}mv^2$。由此可见，物体动能的大小取决于该物体的质量和运动速度。

动能与运动速度的平方（v^2）成正比，说明当物体的运动速度增加到原来的2倍时，它所具有的动能会变为原来的4倍；而当运动速度增加到原来的3倍时，它所具有的动能将增加到原来的9倍。由于动能与运动速度的平方成正比，所以静止的粒子（$v=0$）动能为零。

另外，由于动能与物体（或粒子）的质量也成正比，所以在速度相同的情况下，物体的质量越大，其所具有的动能就越大。

想要解释清楚动能的物理意义并不容易。让我们以两个有内部构造的物体为例来进行思考。下面这个例子有些危险，我先向大家道歉，不过请想象两辆正在高速行驶的汽车，它们都拥有与自身的速度和质量相应的动能，它们正面相撞（图2-1）。

图2-1

拥有内部构造的物体，相撞时会伴有伤害。

撞击发生后，汽车在极短的时间内就停了下来。两辆车都遭到严重破坏，内部构造都发生了巨大变化。

车辆所受到的伤害大小，与对方车辆的动能成正比，动能越大，车辆受到的伤害就越大。撞击发生后，车辆会发生变形和破损，这个过程需要能量。此外，这时还会产生热能。

这些能量是由行驶中的汽车的动能转化而来。可以说，是动能发挥了破坏作用。热能同样会产生破坏作用。不过，无论是液体、固体还是气体，物体所拥有的热能都是构成该物体的每一个原子及分子进行随机运动时所产生的动能总和。因此，热能的源头其实就是动能。

什么是势能?

那么，势能又是什么呢?

如果用一句话来概括，势能就是一种储存起来的能量。嗯? 储存起来的能量? 究竟储存在哪里? 这是大家理所当然会产生的疑问。

举例来说，弹簧在保持拉伸状态或收缩状态时，其中就储存着弹性势能。当你站在高处，手里拿着球，球所在的这一高度中同样储存着势能（这种势能叫作"重力势能"）。此处的"高度"是指球与地球之间的距离。从这个意义上说，重力势能储存在球的位置与地面之间的空间（即高度）中。球的位置越高，所具有的重力势能就越大。

如果在高处松开手中的球，重力势能就会转化为动能，球会下落。由于在下落过程中球的高度不断减小，所以，它的重力势能也在逐渐减少，而球的动能却在逐渐增加（球被加速）。最后，球与地面撞击，球在一开始拥有的重力势能，此时全部转化为热能。球撞击处的地面，温度会略微上升，此后，热能会扩散到周围的地面和空气中。

就算是在上面这个例子中，能量依然一点儿都没有消失。请注意，热能向周围扩散并不意味着能量消失。

就算从基本粒子的层面来讲，势能依然存在。基本粒子的势能储存在真空中。真空具体指的是哪里呢？是指原子、分子或者原子核中的真空部分，势能就储存于那里。在真空中存在的场具有能量（关于"场"的内容，请参考本书第3章）。

在一个完全不存在摩擦的物理系统中，势能会转化为动能；相反，动能也会转化为势能。在这两种能量相互转化的过程中，能量的总和（即"动能＋势能"）一定守恒。

动能不断增加时，势能随之减少；相反，动能不断减少时，势能会随之增加。这遵循能量守恒定律。

$E = mc^2$ 适用于所有形式的能量

接下来，让我们以势能为切入点，迎接 $E = mc^2$ 登场吧。既然提到了能量，就不能不提这个由爱因斯坦提出的世界上最著名的公式。

让我们再次介绍一下这个公式中的相关"人物"。等号左侧的"E"表示能量，等号右侧的"m"表示质量，而"c"则表示光速。因为光的速度是固定的，所以 c^2 也是个定值。

$E = mc^2$ 意味着质量可以转化为能量，相反，能量也与质量是等价的。这个公式所描述的内容着实令人感到不可思议。$E = mc^2$ 中出现的"E"，究竟是此前登场过的哪一种类型的能量？抑或即将有新的面孔要登场？

实际上，$E = mc^2$ 中的"E"可以代表所有形式的能量。

此外，$E = mc^2$ 也意味着能量增加等于质量增加。只是能量增加，质量就会增加吗？真的会发生这样的情况吗？

让我们回想一下刚才解释势能时出现过的弹簧。要想将弹簧拉开，就需要用力。也就是说，拉开弹簧需要投入能量。由此可见，被拉长的弹簧中储存着能量。弹簧中储存的能量被称为"弹性势能"。令人震惊的是，储存了弹性势能的弹簧，质量会增加。真的是这样吗？

图2–2展示了我曾经思考过的一个思想实验。将一根强力弹簧一端固定在箱子A底部，另一端不固定。弹簧处于既没有被拉伸也没有被压缩的状态，此时弹簧中没有储存弹性势能。现在，假设弹簧的质量为零。测量后发现箱子A、箱子B和弹簧的质量总和为1千克。

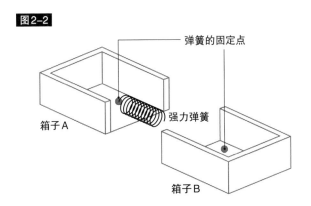

图2–2

弹簧的固定点

箱子A　　强力弹簧

箱子B

接下来，强行拉开弹簧，并将另一端固定在箱子B底部。当然，拉开弹簧时需要给弹簧能量。被拉开的弹簧想要回到初始状态，这股力量会将两个箱子拉近，并最终贴在一起。尽管如此，弹簧依然保持着被拉伸的状态。

此时，弹簧中储存着伸展所对应的弹性势能。这一势能与箱子B中的固定点相连，是由最初拉开弹簧时外部施加的能量产生的。这个实验依然遵循着能量守恒定律。请回想一下刚才讲过的内容：能量绝对不会凭空产生。

在两个箱子贴在一起、弹簧保持拉伸状态的情况下，箱子A、箱子B和弹簧构成了一个完整的物理系统，这其中储存着多余的能量。需要大家充分理解的一点是：拉伸前的弹簧中并未储存任何能量，弹簧是在被拉伸后才进入了储存着能量的状态。图2-3是弹簧保持拉伸状态时整个系统的俯视图。

图2-3

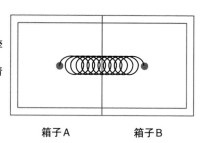

两个箱子因为弹簧的牵拉而紧贴在一起。
此时弹簧中依旧储存着弹性势能。

箱子A　　　　　　　箱子B

现在，让我们在弹簧保持拉伸状态的情况下，再次测量弹簧和两个箱子的总质量。令人震惊的是，这次的结果是1.03千克，比之前增加了30克。这部分增加的质量究竟是从什么地方来的呢？

其实，这正是 $E = mc^2$ 干的"好事"。正如刚才所讲，保持拉伸状态的弹簧中储存着弹性势能。这部分弹性势能通过 $E = mc^2$ 转化为了质量，因此，两个箱子和弹簧的质量总和就增加了，增加的质量是30克。

处于拉伸状态的弹簧中存在的势能，来源于储存在人体中的能量。当这部分能量转移到弹簧上之后，人体内就减少了相应量的能量。

在地球上，质量加倍，重量就会加倍；质量增加到原来的3倍，重量同样会增加到原来的3倍。但在上述实验中，为了方便计算，我们假设弹簧本来的质量为零，因此，拉伸前弹簧的重量同样为零。

然而，拉伸后，储存在弹簧中的弹性势能通过$E = mc^2$转化为了质量，弹簧突然具有了相应的质量，原本应该为零的质量增加了质量为30克的部分。$E = mc^2$的作用就是如此神奇！

当然，因为这是思想实验，所以这30克的质量是随意想象的值，现实中，弹簧实际增加的重量要远远小于这个值。但无论这个值是多少，弹簧都确实变重了。

关于$E = mc^2$的神奇之处，我将在第5章进行更加详细的介绍。我知道大家急于了解后续的内容，不过还请稍待片刻。

※

在接下来的第3章中，我将对"力"与"场"进行讨论。首先，让我们从最为贴近生活的力——电与磁产生的力——开始进行考察。在考察之前，"拥有能量的场"这一神奇的概念会率先登场。我们即将接触到又一个全新的物理学奥秘。

第3章

力与场的
奥秘

——在真空中传递的电磁力与引力的神奇之处

什么是电荷？

在第2章中，我们提到过能量有很多的种类（形态）。实际上，力也有很多种类。本章，我们会首先考察由电与磁产生的力。

如果被问到电的来源是什么，你会怎么回答呢？发电机吗？发电机确实能够产生电，但是这里我问的是更偏向原理角度的来源，其答案是"电荷"。

那么，电荷又是什么呢？这个问题同样很难给出答案，因为电荷是一种很难想象的存在。在这里，让我们暂且把电荷当作电的量来考虑。电荷有两种，分别是正电荷和负电荷。我们无法看到电荷，但是我们知道电荷的所在地。

电荷存在于原子中。众所周知，一切物体都是由大量原子聚合而成的。几个原子会共同组成分子。例如，两个氢原子和一个氧原子结合在一起就构成了水分子。在这里，让我们只关注原子，继续进行考察。

我们身边有各种各样的物体，如铁块、木棒、石头、食物等，它们都是由原子聚合而成的。原子有不同的种类。无论用精度多高的显微镜，我们都无法看到原子的内部结构。原子的直径大约只有一亿分之一厘米。没有人能解释原子为什么这么小，不过我们已经知道，每个原子都有内部构造。如图3-1所示，原子由三种更小的粒子构成，分别是质子、中子和电子。其中，质子和电子都带有电荷。

质子和中子还有进一步的内部构造，它们都由带电荷的三个夸克构成。电子和夸克都是基本粒子，它们都带有电荷。为什么基本粒子会带有电荷，目前尚没有人能解释其中的原因。物理法则真是深奥！

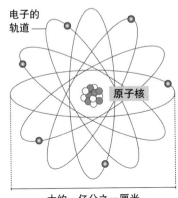

图3-1

电子的轨道

原子核

大约一亿分之一厘米

● 质子　○ 中子　◉ 电子

首先，让我们来看看这些粒子的质量。质子和中子的质量基本相同，中子的质量会略大一些。电子的质量极小，只有质子或中子质量的1/2000（准确地说，是质子质量的1/1836、中子质量的1/1839）。

那么，电荷的量又如何呢？刚才我说过，电荷可以看作电的量。大家是不是以为，由于质子的质量是电子的2000倍，那么它们所带的电量也同样差距很大？

其实不是的，质子和电子所带的电荷量完全相同，只是电荷的符号相反（质子带正电荷，电子带负电荷）。因此，一个质子与一个电子所带的正负电荷会相抵，净电荷为零。考虑到两者的质量差距，这实在是一件非常神奇的事情。

如图3-1所示，在原子的中心，几个质子和几个中子紧贴在一起构成了原子核，它们之间几乎没有缝隙。因为中子不带电，所以原子核整体带正电，其电荷量为原子核内的所有质子所带电荷之和。

在原子核周围，有几个电子围绕着它旋转。原子核内的质子数和围绕着原子核旋转的电子数完全相等。因为单个电子所带的负电荷与单个质子所带的正电荷数量相等，所以整个原子的净电荷为零，也就是说原子是中性的。因为原子核带正电，电子带负电，所以二者之间会产生吸引力。电子被这种力拉向原子核，这就是它无法逃离原子的原因。

电力在空间中传递

电荷分为正负两种。物体通常都具有相同数量的正电荷与负电荷（图3-2）。因为正电荷与负电荷等量，所以物体内的电荷将正负相抵，净电荷为零，物体整体呈电中性。

图3-2

因为正电荷与负电荷数量相等，所以物体的净电荷为零。这一规律适用于一切物体，物体是电中性的。

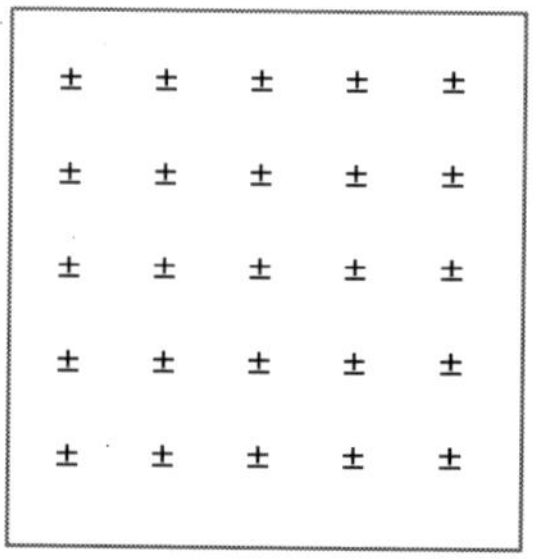

±	±	±	±	±
±	±	±	±	±
±	±	±	±	±
±	±	±	±	±
±	±	±	±	±

需要注意的是，物体内的负电荷能够自由移动，但正电荷总是被固定在某一位置，不会到处移动，其原因

就在于原子的构造（见图3-1）。

不过，正电荷可以在位置保持不变的情况下进行振动。

电子（带负电荷）绕着原子核旋转。在最外层轨道旋转的电子受到的来自原子核的吸引力较弱，因此，当原子与外界发生摩擦，电子获得能量后，便会脱离原子。失去部分电子的原子，因为负电荷减少，其净电荷会变为正值。

前文中的解释适用于包括人体在内的一切物体。通常情况下，我们接触任何物体都不会感到物体带电，那是因为该物体和我们的手都是电中性的。但是，如果让两个电中性的物体互相摩擦，从其中一方被剥离的"负电荷"会发生移动，让该物体的正电荷过剩，带上正电；另一方则会由于负电荷过剩带上负电。

现在，准备两个带电物体——物体A和物体B，将它们放好，二者不接触（图3-3）。如果两个物体都带正电或者都带负电，那么，这两个物体间会产生电荷排斥力并通过空间发挥作用。结果，在不考虑其他作用力的情况下，它们会加速远离。请回想之前讲过的内容：力能让物体加速。

再准备两个物体，其中一个带正电，一个带负电。将它们放好，二者不接触。这时，两个物体间会产生电荷吸引力并通过空间发挥作用。结果，它们会加速靠近。请回想之前讲过的内容：无论怎样的力都会成为加速的原因（牛顿第二运动定律）。

图 3-3

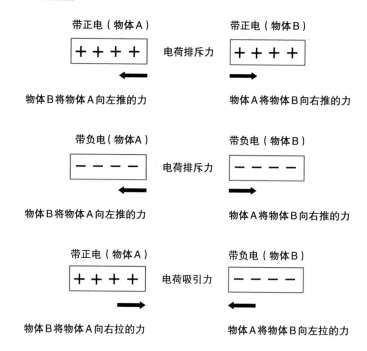

带正电（物体A） 电荷排斥力 带正电（物体B）

＋＋＋＋ ＋＋＋＋

物体B将物体A向左推的力 物体A将物体B向右推的力

带负电（物体A） 电荷排斥力 带负电（物体B）

－－－－ －－－－

物体B将物体A向左推的力 物体A将物体B向右推的力

带正电（物体A） 电荷吸引力 带负电（物体B）

＋＋＋＋ －－－－

物体B将物体A向右拉的力 物体A将物体B向左拉的力

　　理解电荷力的重点在于，两个物体之间一开始都没有发生任何物理接触，而是隔着一定的空间。尽管如此，电荷力依然能够通过空间发挥作用。如果不施加任何外力，只是将带电物体放在那里（并无视摩擦）的话，这些物体将自发地运动起来。

　　另外需要注意的是，当两个物体在电荷力的作用下进行运动的过程中，电荷力并没有消失。根据牛顿发现的"力的效果"，力会让物体加速。也就是说，当两个物体在电荷力的作用下进行运动时，无论它们受到的是排斥力还是吸引力，该电荷力都会不断让物体加速。这就是电荷力的效果。

电荷力可以在空间中传递这一事实也许会让大家感到惊异。而且，这里所说的空间，既可以是有空气存在的空间，也可以是没有空气存在的真空。什么？电荷力可以在真空中传递？这是真的吗？也许大家会觉得不可思议，但这是有实验结果支撑的事实。这一现象，必须从电荷的层面进行解释，因为电荷才是这一力量的源头。

磁力同样会在空间中传递

很多人第一次注意到力的神奇之处，可能就是由于磁力。比如说，两块磁铁可以自动吸在一起，也可以因相互排斥而远离。第一次看到这种情景时，大家是否都感到非常惊讶？再比如说，可能有不少人在小时候就玩过这个游戏：使磁铁从上方靠近回形针，让回形针站起来跳舞。

其实，磁力吸附这种现象，从本质上讲，与物体从高处落下是一样的。这二者都是两个物体以空间为媒介相互作用，然后不断靠近的现象。也就是说，这两种现象都是吸引力造成的。

不过，我们从出生开始就习惯了物体由于重力（引力）下落的现象，因此容易忽略其中的神奇之处。一想到这一点，你就能理解牛顿的伟大之处了。他对物体下落现象感到十分好奇，并由此发现了万有引力。

接下来，为了理解磁力，请大家就两块磁铁之间的相互作用来进行思考。我们在这里准备的是两块条形磁铁。所有磁铁都有两个磁极——N极和S极。让我们将条形磁铁按照图3-4中的方式进行摆放。

图3-4

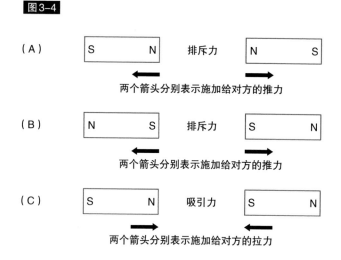

（A）与（B）表示的是两个同样的磁极（N极与N极，或者S极与S极）相对的情况。这两种情况下，磁力（此处主要为排斥力）将通过空间发生作用，两块磁铁互相将对方推远。（C）表示的则是不同磁极相对的情况，这种情况下，磁力（此处主要为吸引力）也会通过空间发生作用，两块磁铁互相将对方拉近。

磁力也是力，所以三种情况下，两块磁铁都会加速远离或加速靠近。上述实验中，磁力同样会通过空间传递这一点非常重要。

接下来，让我们准备一块非常小的条形磁铁和一块非常大的条形磁铁，把它们放在水平的桌面上（假设桌子足够结实，图3-5）。假设小磁铁的质量为5克，大磁铁的质量为500千克，而且两块磁铁与桌面之间完全没有摩擦。

图3-5

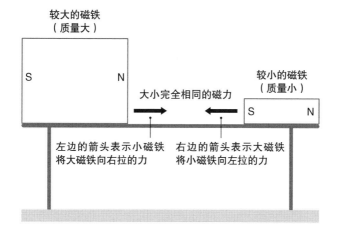

较大的磁铁
（质量大）

S　　　N

较小的磁铁
（质量小）

S　　　　　N

大小完全相同的磁力

左边的箭头表示小磁铁
将大磁铁向右拉的力

右边的箭头表示大磁铁
将小磁铁向左拉的力

　　这两块磁铁的摆放方式与图3-4中的情况（C）一致。也就是说，要观察两块磁铁之间的吸引力如何通过空间发挥作用。两块磁铁最初都是静止的。

　　小磁铁依靠磁力吸引大磁铁，与此同时，大磁铁也在依靠磁力吸引小磁铁。不过，由于大磁铁质量大、惯性强，所以，尽管受到了来自小磁铁的吸引力，它依然保持不动。而小磁铁因为质量小、惯性弱，所以会加速朝大磁铁靠近（与第15页图1-4中棒球朝着地面加速下落情况完全相同）。

　　在这里，非常重要的一点是，两块磁铁作用于对方的磁力完全相同。因此，图中表示磁力的两个箭头长度一样（不过方向相反）。质量只有5克的小磁铁与质量为

500千克的大磁铁在此时产生的磁力完全相同？我想一定有人对此感到疑惑，但这与第15页中说明引力时所举的例子是相似的。小磁铁质量m与大磁铁质量M的乘积是一定的，所以，两块磁铁各自受到来自对方的磁力是相等的。这同样符合牛顿第三运动定律，即作用力与反作用力定律。

在牛顿运动定律中，也许第三定律是最难理解的。毕竟从这一定律来看，地球吸引蚂蚁的力与蚂蚁吸引地球的力是完全相等的。没错，"完全相等"正是作用力与反作用力定律的重点。

磁力的源头是什么？

前文已经解释过，电荷力的源头是电荷。那么，磁力的源头又是什么呢？

实际上，磁力的源头是运动的电荷。自旋也是一种运动，因此，带电粒子只要进行自旋，就会变成运动中的电荷。请大家翻回第41页，看看图3-1中的原子结构。原子由电子、质子、中子构成，这三种粒子都会进行自旋。也就是说，其中带有电荷的电子和质子会成为"运动的电荷"。

带电粒子一旦旋转起来就会变成磁铁（图3-6）。带电粒子自旋后，产生的正是"运动的电荷"。因此，电子与质子都是"永磁体"。

有趣的是，这种磁铁的磁力与粒子本身的质量成反

图3-6

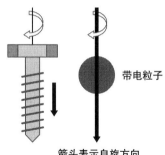

从上方观察的话，粒子在顺时针进行自旋。其自旋方向遵循右手螺旋法则。将螺丝向右侧（沿顺时针方向）旋转，螺丝就会向下运动，图中白色箭头表示自旋的方向。

带电粒子

箭头表示自旋方向

比。也就是说，质量越小的粒子，反而会成为磁力越大的磁铁。电子极轻，质量只有质子的1/2000，然而，电子作为磁铁的磁力却是质子的2000倍。在这里补充一句，目前我们尚不知晓电子和质子为什么会始终保持自旋。

在思考磁力问题时，最需要关注的是电子磁铁。虽然质子也在自旋，也会产生磁力，但质子的质量远远大于电子，这二者的质量完全不在同一数量级上，而质量大会伴随着自旋的困难，因此，质子自旋产生的磁力要比电子自旋产生的磁力小得多，完全可以忽略不计。所以，在之后的章节中，我们只考虑"电子磁铁"这一部分。因为电子变成了磁铁，所以整个原子都变成了磁铁。

此外，电流其实就是电子的流动，这同样是"运动的电荷"。

磁铁具有方向性——什么是磁偶极子？

接下来，我将为大家介绍磁铁的一个重要性质，那就是磁铁具有方向性。这里说的方向性是指什么呢？

首先，让我们准备一根长1米左右的细长条形磁铁。磁铁的一端是N极，另一端是S极。接着，让我们请来空手道高手，把这根细长的磁铁从正中间劈成长度相等的两段。这时，有趣的事情发生了。切口部分会自动生成新的磁极，也就是N极和S极（图3-7）。也就是说，两根新的条形磁铁，虽然长度只有原来的一半，却都是独立的条形磁铁。

我们再给空手道高手布置一项任务吧——将这两根条形磁铁再分别劈成两段。于是，同样的事情再次发生了，每个切口处又都自动生成了N极和S极。现在每根磁铁的长度只有原来的1/4，但每根磁铁都是独立的。如果不断重复这样的操作，磁铁就会变成图3-8中的样子。

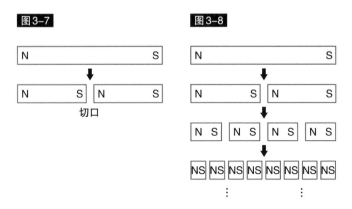

完全没有尽头！简直让人想就这样放弃思考。通过这个实验，我们可以得出结论，那就是：任何一块磁铁都同时拥有N极和S极。一块磁铁不可能只有N极或者有S极，N极和S极必定会成对存在。说得极端些，就算在比原子还小的磁铁上，N极和S极也是成对存在的。

这一性质与磁铁的形状无关。无论磁铁是马蹄形的还是圆形的，抑或是七拐八拐的形状，还是被粉碎成极小的碎片，N极和S极都会成对存在。此外，无论磁铁最初的形状如何，被分割为极小单位的每块磁铁都是极短的条形磁铁。

因此，磁铁的基础就是N极和S极位于同一直线上的极短的一个磁极对。因为两个磁极始终无法分开，所以这个极短的磁极对又被称为"磁偶极子"。比原子还小的磁偶极子本身就是磁铁，是构成所有磁铁的"基础磁铁"。换句话说，所有磁铁都是由数量庞大的磁偶极子组成的。

磁铁会产生磁力。既然是力，就有方向和强度两个要素。虽然前文中没有进行说明，但我们之所以使用箭头来表示力，就是因为力有这两个要素。我们用箭头的方向来表示力的方向，用箭头的长度来表示力的大小。

像力这种同时拥有方向和大小的物理量叫作"矢量"。磁力的基础——磁偶极子也有方向，其方向被定义为"从S极到N极的方向"（图3-9）。

图3-9

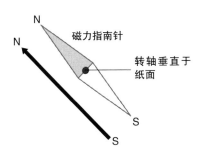

磁偶极子的方向（极度放大后）

图中箭头的长度表示磁偶极子的磁力强度：箭头越长，磁力越强；箭头越短，磁力越弱。磁偶极子同样是矢量的，磁力指南针正是利用这一性质制成的。

电子的磁偶极子

如前所述，电子拥有电荷，并且始终在进行自旋。也就是说，电子是"运动的电荷"，是一种永磁体。在现代物理学中，电子被看作没有内部结构的一个点。作为点的电子同时也是一个磁偶极子。

让我们再看一下第49页的图3-6。根据右手螺旋定则，从上向下看时，顺时针自旋的电子，自旋方向是向下的。不过，因为电子带的是负电荷，所以磁偶极子的方向与电子的自旋方向相反。也就是说，电子的磁偶极子方向在图3-6中是自下向上的。

因为磁偶极子的方向从S极指向N极，所以图下方是S极，上方是N级。图3-10画出了磁偶极子的方向，请大家对比一下这两幅图。

图3-10

N

黑色箭头表示磁偶极子及其方向。
白色箭头表示电子自旋方向。

电子（没有内部结构的点粒子）

S

√ 电子＝磁偶极子＝永磁体→电子是永磁体

那么，怎样的电子会成为永磁体呢？答案是，所有的电子都会成为永磁体。

是什么决定了物体能否被磁铁吸住？

大家小时候有没有产生过这样的疑问：明明磁铁能吸住铁，为什么吸不住铝？

这个问题的本质，就是物体能否被磁铁吸住究竟是由什么决定的？

金、银、铜、铝、锌、铅……，绝大多数金属都不会对磁铁产生反应，不会被磁铁吸住。然而，同样是金属，铁却会被磁铁吸住。这是为什么呢？

揭开这一秘密的关键就在磁偶极子。包括铁在内的所有金属都是由原子构成的。但是，某些种类的金属，原子核周围，旋转的电子按照某种特殊的方式排列，原子会因此成为磁力很强的磁铁。由这种原子组成的金属都会成为磁铁。

那么，这种排列方式的特殊之处在哪里呢？那就是所有的电子都朝着同一个方向自旋。因为电子的自旋方向是相同的，所以磁偶极子的方向也是相同的。方向相同的磁偶极子聚集在一起，磁力强度会叠加，其结果是整个原子的磁力变强。由这种原子构成的金属容易磁化，因此也被称为"铁磁性（强磁性）物质"。铁磁性物质种类极少，目前发现的只有铁、钴、镍、钆四种。

相反地，如果原子核周围的电子相互呈逆向排列，那么电子的磁偶极子将相互抵消，原子将无法成为磁铁。包括金属在内的绝大多数物质，围绕原子核旋转的电子磁偶极子的方向都不相同，这些物质中的磁力会相互抵消，因而无法成为磁铁。

"场"的思路一

在介绍完由电和磁产生的两种力后，现在终于轮到"场"出场了。

在探寻物理学奥秘的过程中，"场"是一个极为重要的角色。随着对传递电的电场和传递磁的磁场的研究越来越深入，我们发现光速（c）在道路的终点等着我们。没错，正是本书主题 $E = mc^2$ 中的"c"。这是怎么回事呢？接下来，让我们对此进行详细的考察。

为了习惯"场"的概念，我们先假设有一个房间，做一个测定房间内温度的实验。我们会准备1000个尽可能小的温度计，每个温度计都用结实的细绳挂在天花板上。为了能够测遍房间中各个部位的温度，挂温度计的绳子长度都不相同。

通过测量，我们可以了解房间内部空气温度的分布情况。其中，靠近天花板的部位空气温度较高，而靠近地面的部位空气温度较低。

物理学家认为，在这个充满空气的空间中，存在一种名为"温度场"的场。我们之前讲过，像力和速度那样，同时拥有方向和强度的物理量被称为"矢量"。与矢量相对应的，只有强度而没有方向的物理量被称为"标量"。

温度只有强度，比如，我们可以用26℃来对其进行表示，但它没有方向。因此，温度属于"标量"，温度场也因此被称为"标量场"。

如果在房间的角落处放一个电热器，打开开关后，房间内各个点的温度都会发生变化。也就是说，房间中的温度分布（温度场）会发生变化。打开开关后，电热器周围的温度会率先升高，然后温度的上升会渐渐扩散至整个房间。也就是说，电热器引起的温度变化会在温度场中进行传递。

顺便说一下，当空间中的各个点都存在同时拥有方向与强度的物理量时，这一空间中存在的场被称为"矢量场"。也就是说，场也可以分为"标量场"和"矢量场"两种。

"场"的思路二

假设你正坐在湖边思考"世界为什么会是这个样子的?"这样的问题，那么你可能正在思考物理法则的奥秘。湖面上漂着一片树叶，此时的水面非常平静，因此树叶也是静止的（图3-11）。

图3-11

你

水面

树叶

陆地

你陷入沉思："世界为什么会是这个样子的？"

树叶距你有约3米远，就算你伸直胳膊也够不到。这时我出现了，并给你出了一道题：不使用工具，也不能游过去，试着让树叶动起来——只要树叶动起来就可以。

你会怎么做呢？有的读者可能一时想不出办法。其实很简单，只要把手伸进水里，用手指上下打动水面就可以了。手指打动引起的水面变化会向远处扩散。这种水面的上下波动向四面八方传播的现象被称为"波"。

水波会到达树叶所在的位置。只要你不停地打动水面，波就会源源不断地经过树叶所在的位置。

在波通过时，树叶会随着水面的波动以完全相同的频率上下运动。也就是说，树叶的运动频率与你手指的运动频率完全相同。

如果你长时间打动水面的话，最终会感到疲劳。因为你在不停地消耗能量，也许你很快就会感到饥饿。

在这段时间里，树叶会随着水波不断地上下运动。只要树叶还在运动，它就拥有动能。在你陷入沉思时，由于水面静止，所以树叶同样保持静止，不具有动能。

这说明波给了树叶能量。也就是说，波拥有能量，而且可以传递能量。或者可以认为，在这种情况下，能量在水面形成的波中进行传递。根据牛顿第二运动定律，所有物体，只要不受外力（包括重力）的影响，就不会运动。树叶运动的事实说明，它受到了通过水面传递过来的波的力。

现在让我们将你称为"物体A"，将树叶称为"物体B"。通过上述介绍，我们可以得出如下结论：

√　即使物体A与物体B相隔一定距离（并没有发生物理接触），物体A拥有的能量也可以转移到物体B上。同样，力也可以不经接触，从物体A传递到物体B上。

上述结论有一个前提条件，那就是物体A与物体B之间必须存在某种介质。在上面的例子中，介质是水。更普遍地讲，填充于两物体之间并负责传递力的媒介被称为"场"。也就是说，能量和力可以通过场来进行传递。

大家都知道拔河吧？拔河时，绳子就承担着力场的作用，用来传递力。大家掌握场的概念了吗？

电场是怎样的场？

为了更好地理解"场"，让我们来看看具体的场吧。

首先从电场开始。

在后面的讨论中，只要没有特意说明，"空间"就意味着"真空"。因为空气（分子）的存在会妨碍实验的进行。此外，"真空空间"还包括一层含义，那就是远离包括地球在内的所有天体，完全不存在引力（引力同样会妨碍实验的进行）。虽然这样的空间（特别是完全不存在引力的空间）并不存在，不过为了帮助理解，就让我们假设它存在吧。

接下来，让我们将两个带电粒子带进这样的空间。

"带电粒子"指的是带电荷的粒子。无论粒子所带的是正电荷还是负电荷，都可以被称为"带电粒子"。比如，带负电荷的电子是带电粒子，带正电荷的质子同样是带电粒子。如果失去一个绕原子核旋转的电子，原子同样会成为带电粒子。

带电粒子要么带正电，要么带负电。不过，当我们说这个粒子带正电时，并不一定意味着这个粒子只带有正电荷，而是指这个粒子所带的正电荷总量超过负电荷。说一个粒子带负电，也是如此。此外，在之后的章节中将频繁登场的带电粒子都非常小，因此我不再特意指明粒子的大小。

现在，假设我们将两个带电粒子（粒子A与粒子B）放在真空空间中，二者相隔一定距离。如果粒子A与粒子B所带电荷符号不同，那么它们之间将存在吸引力（图3-12）；如果粒子A与粒子B所带电荷符号相同，那么它们之间将存在斥力（图3-13、图3-14）。

两个带电粒子距离越近，它们之间的电荷吸引力或电荷排斥力就越强；相反，它们之间的电荷吸引力或电荷排斥力就越弱。

接下来，让我们将一个带正电的带电粒子放到真空

图 3-12

两个带电粒子之间通过真空空间彼此吸引。

图 3-13

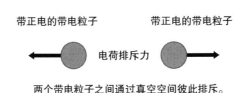

两个带电粒子之间通过真空空间彼此排斥。

图 3-14

两个带电粒子之间通过真空空间彼此排斥。

空间中。假定这个带电粒子被固定在真空中。(你问我怎样才能把它固定在真空中？因为这是思想实验中的假设，所以请不要在意细节。) 除了这个固定在真空中的带正电的带电粒子，还需要准备一个能够自由运动的带正电的带电粒子，我们要用它来进行测试。轻轻地把这个试探带电粒子放在与固定在真空中的带电粒子相隔10厘米的位置上（图3-15）。两个带电粒子之间将产生电荷排斥力，试探带电粒子会加速远离固定带电粒子。图中的箭头表现的是作用在试探带电粒子上电荷排斥力的方向和大小。

图3-15

10厘米

能自由运动、带正电的试探
带电粒子上出现的力

固定在真空中的带正电的
带电粒子（绝对不会动！）

在图3-15中，无论将试探带电粒子放在哪里，它都
会受到电荷排斥力。我们可以画出表示电荷排斥力的箭
头。与固定带电粒子之间的距离越近，箭头长度越长（电
荷排斥力越大）；相反，距离越远，箭头长度越短（电荷
排斥力越小）。

在固定带电粒子周围存在着无限个点。因为放在各
点的试探带电粒子受到的电荷排斥力都能用箭头表示，
所以我们能画出如图3-16那样的概念图。在这个实验
中，放在各点的试探带电粒子相当于我们之前解释温度
场时放在房间中的那1000个温度计。

图3-16

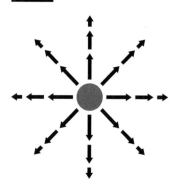

每个箭头都表示作用在各点
的试探带电粒子上的电荷排
斥力。请注意，固定在中心
的带电粒子不是试探带电粒
子。图中省略了放在各点的
试探带电粒子。距离固定在
中心的带电粒子越远，箭头
长度越短，这表示距离越远
电荷力越小。因为实际上点
的数量有无限多，所以从中
心应该能画出无数个箭头，
这些箭头以固定带电粒子为
中心呈放射状分布。

受限于载体形式，我们只能展示图3-16这样的平面图。但请大家理解，实际上它是三维的，因为放置这些带电粒子的地方是三维空间。

就算没有试探带电粒子，场依然存在

接下来，我将说出会让各位读者情不自禁地点头称是的话。只要大家仔细听我说，就能轻松理解场的概念。

还是刚才的思想实验，这一次，假设我在大家看到固定在中心的带正电的带电粒子前就把它盖住。这样的话，大家将完全不知道那里存在什么。让我们在看不到固定带电粒子的情况下重复刚才的实验。也就是说，只有试探带电粒子散落在空间各点。大家能清楚地看到这些试探带电粒子。

将试探带电粒子轻轻放在空间中任意一点，粒子刚被放下就会开始运动。大家看到这一幕一定会大吃一惊吧，在"空无一物"（甚至不存在引力）的空间中，带电粒子只是被轻轻放下就开始运动了！带电粒子从静止状态变为了运动状态，也就是说，试探带电粒子被加速了。之前我已经多次指出，加速的原因在于力。大家还记得吗？固定在真空中的带电粒子被遮住了，你们是看不见它的，只知道放在空无一物的空间中任意一点的试探带电粒子受到了某种力的作用。

对带电粒子施加力的某种东西就是"力场"。本实验中，因为力场作用于带电粒子，所以被称为"电场"。

也许你依然感到不可思议，想问我："嗯？但是作用在试探带电粒子上的力是谁施加的呢？"这时，我会撤去固定带电粒子上的遮挡物，让你看到它。你一定会觉得："啊——原来如此！"对试探带电粒子施加力的就是此前被隐藏起来的固定带电粒子。

让我们再次回到图3-16。这幅图中，在固定带电粒子周围，有同样带正电的试探带电粒子被放置在空间的各个点上，箭头表示试探带电粒子受到的电荷排斥力。这一次，我们只保留中心的固定带电粒子，而将放在周围各点的试探带电粒子全部去掉。这样一来，除了固定带电粒子外，这个空间空无一物。

即使如此，图3-16中画出的所有箭头依然存在。这些箭头表示的是存在于空间中各点的"力场"，也就是"电场"。箭头遍布整个空间，这表示电场存在于整个空间。各个箭头的方向和长度则表示空间中各点存在的电场方向和强度。电场也是一种矢量场，同时拥有方向和强度。

这个电场属于固定带电粒子，并以其为中心向整个空间扩散（能扩散到无限远的地方）。如果在存在电场的空间各点放置试探带电粒子，试探带电粒子就会与该点已经存在的电场产生反应，受到电荷力。

在图3-16中，如果将固定的带正电的带电粒子换成带负电的带电粒子，所有箭头的方向将发生逆转。这种情况下，同样是距离中心越近箭头越长，距离中心越远箭头越短。

确定某个空间中是否存在电场，方法很简单，只要在空间中尽可能多的点上轻轻放上试探带电粒子就可以了。如果试探带电粒子静止不动，就说明它没有受到任何力的作用，于是可以得出结论——当前的空间中不存在电场。相反，如果试探带电粒子在被轻轻放下的瞬间就开始运动，则说明当前空间中存在电场。

带电粒子是所带净电荷不为零的粒子。这里的关键在于"电荷"而不在于"粒子"，只用电荷同样可以完成实验。一般来讲，电荷周围的空间中会出现由该电荷产生的电场。电荷才是电场的源头。

不过，就算出现电场，也不会改变真空空间是真空的事实。也就是说，电场本身并不是物质。电场会对放置于其中的试探带电粒子施加电力，但它并不是一种物质。

最后，想象将两个带电粒子放置在空间中相隔一定距离的地方。两个带电粒子都会在周围的空间中产生电场。因为两个带电粒子都沉浸在对方产生的电场中，所以它们会发生相互作用。因为电场存在于空间中的所有位置，所以就算两个带电粒子不发生接触，也会与电场发生作用，受到电荷力的影响。

也就是说，电场可以将电荷力从一个带电粒子传递到另一个带电粒子。电场不通过接触就可以传播电荷力。我之前说过，力需要通过某种介质来传播，这句话中的"某种介质"被称为"场"。在这里，介质是"真空"的，虽然电场填满了整个真空空间，但真空仍然是真空。

磁场又是什么?

接下来,让我们来看一看磁场。

让我们邀请之前介绍过的"磁偶极子"再度登场,来帮助我们理解什么是磁场。在我们的宇宙中,最小的永磁体正是磁偶极子。现在,让我们想象一个由大量磁偶极子组成的永磁体的存在。

在这里,再次想象一个引力完全不发挥作用的真空空间。将磁铁放在这样的空间中,磁铁周围将产生被称为"磁场"的力场。就像电荷会在其周围制造出电场一样,磁铁也会在其周围制造出磁场。磁铁制造的磁场可以通过大量的磁力线具象化出来。确切地说,应该是无数条磁力线。让我们将透明丙烯板搭在水平放置的条形磁铁上,然后在上面撒上铁屑。

图3-17

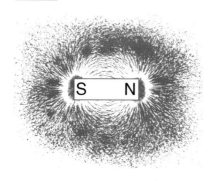

因为铁是强磁体,所以会对磁铁产生强烈的反应。撒完铁屑后,轻轻振动丙烯板,铁屑就会在丙烯板上形成某种几何图案(图3-17)。

可以看出,这个几何图案由大量线条组成。每一粒铁屑都在其中某条线上。将相邻的铁屑连起来,就能画出无数条线，这就是磁力线。每一粒铁屑被磁铁磁化，都会成为小小的条形磁铁，所以它们会沿着磁力线排列。

磁力线从条形磁铁的N极出发，被反方向的S极吸收，形成完全闭合的环状。也就是说，磁力线贯穿了磁铁（图3-18）。另外，磁力线绝对不会相交。

图3-18

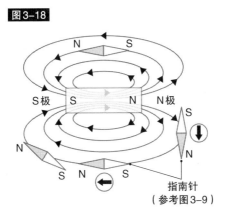

指南针
（参考图3-9）

每一根磁力线都会形成闭环，这与之前提到的"一块磁铁中，N极和S极并存"这一事实相关。图3-18是平面示意图，而实际上，真正的磁力线有无数条，会充满整个空间，包括无限远的地方。

就算将铁屑全都去掉，磁场依然存在。在这个实验中，铁屑相当于为了确定温度场的存在而用到的那1000个温度计，或者为了确认电场而放置的试探带电粒子。

图3-18中画出的每一个小指南针都是一块磁铁，都存在N极和S极。也就是说，它们也都是磁偶极子。指南针的方向从S极指向N极。将它们放在磁铁周围，指南针一定会"搭乘"上某一根磁力线。指南针的方向就是该

点的磁场方向。

　　磁力线密集的地方磁场强，磁力线稀疏的地方磁场弱。因此，磁铁内部的磁场最强；与磁铁的距离越远，磁力线越稀疏，磁场越弱；距离磁铁无限远的地方，磁场强度几乎为零。

　　磁场与电场一样，是拥有强度和方向的"矢量场"。

如何确认是否存在磁场？

　　电场是否存在，只需将带电粒子轻轻放在空间中就能进行确认。如果存在电场，带电粒子就会运动起来。磁场的情况与此略有不同。存在磁场的空间，无论轻轻放入带正电的粒子还是带负电的粒子（或者说单纯的电荷），都不会有任何力产生，带电粒子（电荷）只会静止不动。因此，通过这种方式完全无法判断空间中是否存在磁场。但是，如果让带电粒子（无论所带电荷是正是负）以一定速度在存在磁场的真空空间中运动，情况就会大不相同。运动的带电粒子（或者电荷）会对磁场产生反应，受到与其运动方向呈直角的磁力的作用。其结果就是，在有磁场存在的真空空间中，运动的电荷会做圆周运动或螺旋运动（图3-19）。

　　为什么带电粒子会有两种运动方式呢？这取决于带电粒子的初始运动方向与磁力线的夹角。如果带电粒子的初始运动方向与磁力线成直角，则它会做圆周运动；如果带电粒子的初始运动方向与磁力线不成直角，比如

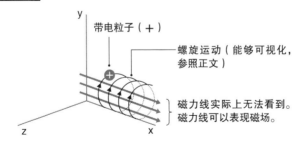

图3-19

y

带电粒子（＋）

螺旋运动（能够可视化，
参照正文）

磁力线实际上无法看到。
磁力线可以表现磁场。

z

x

在存在磁场（用磁力线表示）的真空空间中，运动的带电粒子做螺
旋运动。螺旋上的箭头表示带电粒子的运动方向。

二者的夹角是70度或100度，那么它会做螺旋运动。

带负电荷的电子是一种带电粒子。如果使用某种装置，将大量电子发射到真空空间中，就能形成电子束。如果将电子束按一定角度发射到存在磁场的真空空间中，它们就会像图3-19中那样整齐划一地进行螺旋运动。

如果在存在磁场的空间中加入少量气体，那么，被发射出去的电子就会与处于其运动轨迹上的气体原子发生撞击，刺激其发出可见光。通过这些光，我们可以真切地看到电子束的螺旋运动。我在十几岁时，曾经通过这项实验第一次观察到带电粒子的圆周运动和螺旋运动。我至今依然清晰地记得当时的感受，这使我非常想让大家也能看到这项实验。

让带电粒子在空无一物的真空空间中运动，如果该粒子开始做圆周运动或螺旋运动，这说明该空间充满了磁场；如果带电粒子持续做直线运动，则说明该空间不存在磁场。

稍微岔开一下话题，在存在磁场的空间中运动的带电粒子通过与磁场发生反应而受到磁力，而在没有磁场的空间中运动的带电粒子则会在周围的空间中产生磁场。产生磁场的是运动中的电荷。电荷的自旋也是运动的一种。毫无疑问，在电线中流动的电荷（电流）也是运动的电荷，所以，在通电的电线周围也存在磁场。

场 = 能量?!

无论运动还是静止，电荷都会在其周围产生电场，而运动的电荷则会在其周围产生磁场。也就是说，运动的电荷会同时产生电场和磁场。这两种场的产生都有电荷的参与。

电荷力与磁力能在真空空间中传播的原因，在于该空间中的电场和磁场能够传播力。就算真空空间中存在电场和磁场，但该空间依然是真空的。也就是说，磁场与电场一样，都不是物质。既然不是物质，也就意味着电场和磁场都没有质量。换言之，电场和磁场的重量都为零，这意味着这两个场都不是由原子和分子构成的。那么，它们是由什么构成的呢？

答案意外地简单，它们是由能量构成的。本书的主角之一"E"在这里再次现身了。但是，说到这儿，大家可能又产生了新的疑问：嗯？电场和磁场竟然都是能量？那么，能量究竟是什么呢？

要想让物体运动或加速，能量是必不可少的。电场和磁场能够对带电粒子（或电荷）施加力，让它们运动或加速。由此可知，电场和磁场拥有能量。

第一个提出"电场"或"磁场"这样不可思议的"场"的概念的人，是英国人法拉第。在牛顿去世64年后，法拉第才出生，也就是说，牛顿的理论中并没有出现过"场"的概念。

电力和磁力都不产生超距作用

牛顿发现万有引力时，提出了"超距作用"的概念：两个物体即使不挨在一起，也可以对对方施加引力，引力会立刻穿过二者之间的空间，传递所需的时间为零。我们之前已经介绍过，这种想法是错误的。

法拉第提出的"场"的概念在否定超距作用时起到了重要作用。下面让我们以电场为例来确认一下。

准备A与B两个电荷，正负皆可。将电荷A放在地球上，电荷A会在包括月球在内的无限空间中产生放射状的电场（参考第60页图3-16）。离电荷A越远，电场强度越弱。虽然强度很弱，但电荷A产生的电场确实会将月球完全笼罩在内。

过一段时间之后，将电荷B放到月球上（图3-20）。电荷B同样会在周围空间中产生电场。现在到了提问的时间了——在我们将电荷B放在月球上时，地球上的电荷A立刻就能感受到电荷B产生的电场吗？

答案是不能。实际上，稍微隔一段时间之后，电荷A

图 3–20

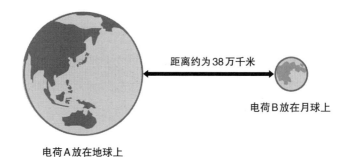

距离约为 38 万千米

电荷 B 放在月球上

电荷 A 放在地球上

才能感受到电荷 B 的电场。那么，这个时间是多长呢？

电场在真空中会以光速向外扩展。月球与地球之间的距离是约 38 万千米，因此，在我们将电荷 B 放到月球上约 1.3 秒后，电荷 B 产生的电场才会到达地球。也就是说，电荷 A 会在约 1.3 秒后感受到电荷 B 产生的电场，受到其电荷力的影响。这是已经通过实验验证的事实。

有了"场"的概念，我们就会明白，所有力都绝对不可能立刻穿越空间。请回想一下我们之前利用波让漂在水面上的叶子运动的情景。你用手激起的波浪，要经过一段时间才能到达树叶所在处，使树叶动起来。如同以水为媒介（相当于电场之于电荷力）传递力时，无论如何都需要一定的时间一样，电荷力的传递同样不会出现牛顿所说的"超距作用"。磁力的传播也是如此。

电场和磁场的振动

现在，我们已经基本习惯了用场来对相关问题进行思考。接下来，我们将对场的性质进行介绍。实际上，场是在振动的。场在振动？这究竟是什么意思？

物体的往复运动，即同样的运动不断重复，这种现象被称为"振动"。比如，钟摆和秋千的运动方式都可以叫作振动。电场和磁场同样也会振动。那么，"场的振动"是怎么一回事呢？

电场和磁场都是矢量场，同时具备方向和强度。场的振动是指该强度的大小会随着时间的推移反复增减；同时，其方向也会交互变化（图3-21）。

图3-21

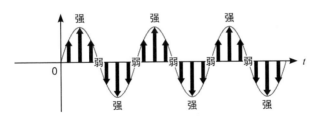

纵轴表示场的强度，横轴表示时间。箭头的长度代表"强度"。箭头越长场越强，箭头越短场越弱。箭头的长度（场的强度）随时间推移而增减。
"弱"表示场的强度为零。"强"则有两种类型，向上的"强"与向下的"强"。

究竟要怎么做才能让场振动呢？

答案很简单。在这个问题上，电荷将再次大展身手。我们已经了解到，运动的电荷会在其周围的空间中产生电场和磁场。因为振动是指相同运动的重复，所以如果将带电粒子绑在摆绳的末端并使其做往复运动的话，就能让电荷振动起来。电荷振动后，周围的空间中就会出现振动的电场和磁场。

电场和磁场都不可见，所以，如果想观测振动的电场和磁场，就必须使用一定的仪器，这种仪器可以在显示屏上间接描画出场的振动轨迹。请一定不要忘记，电场和磁场的振动中必然包含场的强度随时间变化的现象。

磁场产生电场，电场产生磁场

接下来，我们通过别的例子来看看电荷振动现象。

请想象有一根类似在电视台等地方使用的天线那样的细长金属棒（图3-22）。金属棒中存在着众多不受原子核束缚的"自由电子"。这些电子（带负电荷）在金属棒的两端之间做往复运动。

图3-22

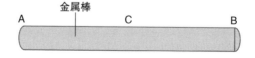

金属棒

A   C   B

现在，我们来简单解释一下天线的工作原理。

在金属棒内，自由电子从A点开始运动，它们出发时的初速度为零（静止）。电子在到达C点前一直在不断加速，当它以最大速度通过C点后，运动减速，在到达B点时完全停止。随后，电子立刻返回（反射）。这一次，电子同样在到达C点前不断加速，当它再次以最大速度通过C点后，速度又开始下降，在到达A点时完全停止。然后，电子再次折返……如此循环往复。这种往复运动就是一种振动。

电磁学教科书中一般都有这样的话：带电粒子（电荷）加速或减速时会产生电磁波。在天线内部，因为电荷（电子）在反复进行加速和减速，所以会在天线周围的空间中产生电磁波。（电磁波究竟是什么，我将在下一节进行说明。）

由于天线内电荷（电子）的运动，周围空间中出现了磁场。前面我们说过，电荷的运动是磁场的源头。因为电子不断地加速、减速，所以，该磁场会如图3-21那样随着时间而改变强度和方向。

法拉第发现，随时间变化的磁场会在其周围空间中产生电场。电场的源头是电荷，但法拉第却认为，就算没有电荷，只要磁场随着时间流逝而发生变化，就能在真空空间中产生电场。这种现象被称为"电磁感应"。这一发现促成了发电机的发明。现代发电站中使用的发电机同样是基于法拉第发现的电磁感应现象制造而成的。

在法拉第之后，另一位英国人麦克斯韦用数学公式描述了法拉第发现的现象。麦克斯韦在对电磁感应现象进行深入研究后，提出了理论上的推测：既然强度随时间反复变化的磁场会在真空空间中产生电场，那么，强度随时间反复变化的电场也应该能够在真空空间中产生磁场。

麦克斯韦认为，电和磁并非相互独立的现象，并据此创建了二者合一的"电磁学"体系。事实上，宇宙中发生的一切电磁现象都与麦克斯韦在电磁学中所描述的情况相符。麦克斯韦建立了不亚于牛顿的伟业！

电磁波——可以在真空中传递的波

让我们回到天线的话题上。电荷（自由电子）在天线（细长金属棒）中振动，就会在周围空间中制造出强度随时间变化的磁场。法拉第认为，这样的磁场会诱发强度随时间变化的电场。根据麦克斯韦的理论，相反的现象同样会发生。

总结下来，我们能够得出以下结论。

① 在细长的金属棒（或者电线）中，自由电子在金属两端间做往复运动（不断重复加速、减速的运动），这将在周围空间中制造出强度随时间变化的磁场。

② 根据法拉第的理论，在空间中出现的强度随时间变化的磁场会制造出强度随时间变化的电场。

③ 根据麦克斯韦的理论，当空间中出现强度随时间变化的电场后，会制造出强度随时间变化的磁场。

④ 这之后，会出现②→③→②→③→②→③→②……这样的循环。

⑤ 结果，随时间变化的磁场会产生随时间变化的电场，这又将产生随时间变化的磁场，之后再次产生随时间变化的电场……这种现象将无限循环。

麦克斯韦的伟大之处在于，他将①～④中的现象用一组由四个方程构成的方程组表示了出来。当电场和磁场如图3-21中所示，随时间进行波形的变化时，随时间变化的电场和磁场就会以波的形式在空间中传播。这就是电磁波。既然是波，那么电磁波就会有波长和频率。电场和磁场都不是物质，电磁波同样不是物质，因此能在真空空间中传播。

必须注意的是，电磁波并不是由电子组成的。那么，它是由什么组成的呢？答案是，它不是由任何东西组成的。

此外，电磁波还拥有能量。能量本身并非物质，不具备构成要素、颜色、形状等，但它可以用"量（数值）"来表示。电磁波拥有的能量同样可以量化。电磁波并非物质，因此它的质量为零。

在一定条件下，吸收了电磁波的物质，其物理或化学性质会发生改变（比如发光、颜色发生变化等），这意味着电磁波会让物质发生变化。由此可见，电磁波是拥有能量的。

光速c出现！

关于电磁波拥有的能量，我们将在其他章节结合 $E = mc^2$ 进行详细说明。现在，让我们讲一讲在意想不到的地方登场的"光速（ c ）"。

根据麦克斯韦建立的有关电场和磁场的四个方程，我们可以轻易推导出电磁波方程。麦克斯韦发现，电磁波方程中包含电磁波的传播速度，他对这一速度进行了计算。令人惊讶的是，电磁波在真空空间中的传播速度与光速完全一致，即每秒30万千米。根据这一结果，麦克斯韦得出了"光是电磁波"的结论。

因为电磁波是波，所以它具有波长和频率等可以用数值表示的特征。"波长"指的是波峰到下一个波峰（或波谷到下一个波谷）之间的长度，"频率"指的是每秒的振动次数。

在刚才登场过的天线内部，自由电子在不断地往复运动，也就是振动。通过调整送入天线中的电流强度，我们可以改变天线内自由电子的振动频率。也就是说，存在着不同频率的许多种电磁波。

电磁波根据频率的不同，有着不同的名称。频率从低到高，其名称依次为无线电波、微波、红外线、可见光、紫外线、X射线、γ射线……这些全都是电磁波。

需要注意的是，所有电磁波都能以同样的速度（光速）在真空空间中传播，这与它们的频率和波长无关。

电场和磁场的统领都是电荷。磁场可以产生电场，电场也可以产生磁场。此外，根据爱因斯坦的相对论，观测方法不同，磁场可能会变成电场，电场也可能会变成磁场。结果正如麦克斯韦预测的那样，电场和磁场并非相互独立的存在，因此这二者被统称为"电磁场"。同样，电荷力和磁力被统称为"电磁力"。

引力同样通过场进行传递

我们刚刚已经了解到，电场和磁场（也就是电磁场）

能够在真空空间中传播。此外，正如我在第1章中介绍过的那样，引力同样能在真空空间中传播。引力的源头是质量，所有物体都具有质量。

当两个物体相隔一段距离时，它们之间的引力会通过真空发挥作用，加速向对方靠近，最后两个物体会发生撞击。无论是什么种类的物体，都会发生这种现象。不过，如果两个物体的质量过小，比如放在桌子上的钢笔和眼镜，二者之间产生的引力将无法战胜物体与桌子之间的摩擦力，因而无法相互靠近。要想产生肉眼可见的引力效果，需要物体拥有巨大的质量，不过引力确实是"万有"的。

现在，让我们再来进行一次思想实验吧。假设整个宇宙中只有地球，没有太阳、月亮以及其他任何星球。这种情况下，地球完全不会受到引力的影响，只会一动不动地待在那里。这时，一个与地球质量相当的巨大物体突然出现在500万千米远的地方。我们将这个物体称为"物体A"。物体A与地球之间出现了相互吸引的力。不过正如前文所述，牛顿构想的超距作用并不存在，物体A产生的引力要想到达地球，需要花费一定的时间。

现代物理学已经发现，引力在真空空间中会以光速传播。光每秒能走30万千米，这个速度的确非常惊人，但即使以这样的速度传播，要想跨越500万千米的距离也需要约17秒的时间。

在解释电磁场时我曾说过，否定超距作用的是遍布整个真空空间的"场"。在这个例子中，引力所对应的"引

力场"承担了这一任务。无论是什么样的物体,其质量
(引力质量)都会在其周围的空间中制造出引力场。

体积近乎一个点的微小物体,其质量在周围空间中
制造出的引力场,正如图3–23所示,呈放射状(实际上,
点会有无数个,箭头的数量也有无数个,引力场会在三维
空间中延展)。在这样的空间中放入另一个拥有微小质量
的物体,这个物体将受到存在于周围空间中的引力场的作
用,从而被中心的物体所吸引。微小物体距离中心物体越
远,它所处位置的引力场就越弱,受到的引力就越小。

图3–23

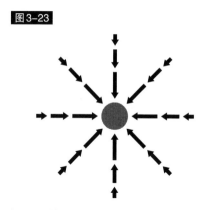

中心处物体具有的质量在周围空间中制造出的
引力场。箭头表示该点的引力场方向与强度。

和电磁场一样,引力场也不是物质。所以,就算存
在引力场,真空空间依然保持着真空状态。

引力和电磁力的力量差距

要想验证一个真空空间中是否存在引力场,我们该

怎么做呢？方法很简单，只要将一个不带电的物体轻轻放在这个空间中就可以了。

在松手的一瞬间，如果该物体自行运动起来，并逐渐加速的话，就说明这个真空空间中存在引力场。

在地球上，如果在一定高度放开手中的物体，该物体就会加速下落。这是因为地面上的空间中存在引力场。这种情况下，引力场来自地球的巨大质量，布满了地球周围的整个空间。我们无论是睡还是醒，每时每刻都沉浸在地球产生的引力场中。

需要说明的是，只有质量能与引力场发生反应。电荷只会与电磁场发生反应，而不会与引力场发生反应。不过，电荷必定会附着在某种粒子上，比如电子和质子。电子和质子都拥有质量，带电荷的粒子被称为"带电粒子"，也就是说，所有带电粒子都拥有质量。因此，以电子和质子为代表的带电粒子会同时对电磁场和引力场发生反应，受到电磁力和引力的双重影响。有趣的是，这两种力之间存在着巨大的"力量差距"，电磁力要远远强过引力。这种差距是如此明显，甚至连摩擦产生的电力都比质量巨大的地球产生的引力大！正因为有如此明显的力量差距，所以电磁力和引力的效果才能轻易地被区分开。

负的引力?!

除了力量的强弱，引力和电磁力之间还有另一个巨大的差异。

电磁力有"吸引力"和"斥力"两种类型，而引力则只有"吸引力"一种（也就是说，不存在负的引力）。

可以制造出电磁场的电荷分"正电荷"与"负电荷"两种。从整个宇宙的维度来看，正电荷的量与负电荷的量相同，因此，整个宇宙的电荷正负相抵，净电荷为零（当然，如果将宇宙分成非常小的区域分别进行观察，局部的净电荷未必为零）。

换个角度讲，从整体上观察宇宙的话，可以说电磁场实际上并不存在。

与此相对，引力源头的引力质量则只有正值。迄今为止，负质量的存在还未被观测到。从理论上讲，负质量会引出"不合理"的事态（比如拥有负质量的物体会朝着与引力相反的方向加速等）。既然不存在负质量，就不会发生正负相抵的情况，所以，如果从整体上观察宇宙，存在于宇宙空间中的场就是"引力场"。

同样，考虑到电磁力相抵的情况，我们可以说作用于整个宇宙的力是引力。因此，以整个宇宙空间为单位的话，可以只考虑引力场的存在。宇宙是由引力主宰的。

那么，是谁最深入地思考了这一问题，并建立了自己独特的引力理论呢？他就是爱因斯坦，也就是本书的主角 $E = mc^2$ 之父。

※

电子和质子，除了拥有质量，还拥有电荷。电荷制造了电力和磁力（电磁力），进而让周围的空间出现了电场和磁场（电磁场）。如果电子和质子不带电荷的话，就不会形成原子，也不可能构成分子。进一步讲，有机体和生命都将无法诞生。

从某种意义上讲，将物理学和其他科学（如生物学或化学）联系在一起的，正是电荷的存在。本章在关注电荷的同时，详细解释了"力"与"场"的奥秘。

从下一章开始，我们将探究支配着这个宇宙的奥秘。

第**4**章

"人类无法感知
的世界"的
奥秘

——微观世界中蕴藏的物理法则
和光子的神奇之处

与 $E = mc^2$ 相关的被隐藏的力

在前一章，我为大家介绍了两种力——电磁力与引力。这两种力在支配自然界的物理法则中都占据着重要的位置，同时都通过存在于空间中的场进行传播。

电磁力的源头是电荷，而引力的源头是质量（质量实际上就是"引力荷"）。从现在开始，我会将力量的源头简称为"荷"。

电磁力和引力还有一个共通的性质，那就是这两种力的大小都取决于距离——离"荷"越远则力越弱。在距离"荷"无限远的地方，这两种力才近乎为零。也就是说，电磁力和引力能影响的范围都是无限大的。因此，只要使用合适的装置，我们就能感知到这两种力的存在，并对它们进行测量。

然而，自然界中还存在着另外两种重要的力。这两种力与电磁力和引力存在着巨大的差异。日常生活中，只凭感官，人类是无法感知到这两种力的存在的。但是，它们与本书的主题 $E = mc^2$ 之间有着深深的联系。

它们到底是什么样的力呢？让我们一探究竟吧。

可以用三种颜色区分开的"强力"

既然说是"被隐藏的力"，有的读者可能会问：那它们被隐藏在了哪里呢？

说到在日常生活中无法感知这一点，大家脑海中首先想到的可能是极其微小的世界，也就是微观世界。的确如此，接下来，我将为大家介绍的这两种力都是在极小的领域内发挥效用的。

我们在第1章中说过，基本粒子不存在内部结构，它们的体积准确来说为零。这些基本粒子就像一个个点，就算在空间中极小的一个区域内，点的数量也是无限的。这就是"点"在物理学中的含义。

正如第41页图3-1中展示的那样，电子是原子的构成要素之一。原子的中心是原子核，原子核由质子和中子构成。也就是说，原子是由电子、质子、中子三种粒子构成的，其中电子是没有内部结构的"基本粒子"。质子和中子并非基本粒子，它们二者都存在内部结构，都可以继续分解成更小的粒子，它们是由夸克组成的。

质子和中子都是由三个夸克组成的。这些夸克有两种，分别被称为"上夸克"和"下夸克"。为了便于讲解，我们将上夸克写作"u夸克"，将下夸克写作"d夸克"。在现代物理学中，夸克被看作基本粒子，没有内部结构。

如图4-1所示，质子由两个u夸克和一个d夸克组成，中子由一个u夸克和两个d夸克组成。因此，我们用"u-u-d"来表示质子，用"u-d-d"来表示中子。

让这些夸克在质子和中子内部紧紧连在一起的，正是"被隐藏的力"之一的"强力"。从将夸克紧紧连在一起这个作用可以看出，强力是引力。

这个谜一般的力的"荷"是什么呢？强力之源被称为

图4-1

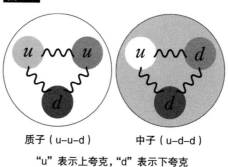

质子（u-u-d）　　　中子（u-d-d）

"u"表示上夸克，"d"表示下夸克

"色荷"。色荷有三种。为什么会有三种？

这一谜题的答案是光的三原色。光的三原色是红色、蓝色和绿色，这三种颜色以不同比例叠加能产生无数种颜色，因此被称为"三原色"。将这三种颜色的光等量叠加，就能得到白色或无色。

每个夸克分别带有与三原色相关的三种色荷，也就是红色荷、蓝色荷与绿色荷。正是色荷在夸克之间产生了强力，才让质子和中子中的三个夸克紧密结合在一起。不过需要注意的是，色荷中的"色"与日常生活中的"（颜）色"，含义有着根本性的不同。光学三原色中的三种颜色叠加在一起会变成白色或无色，这很适合用来解释强力，但这仅仅是一种比喻性的用法。

以质子为例，它是由蓝色的u夸克、红色的u夸克和绿色的d夸克这三个夸克组成的。也就是说，质子内部的三种色加在一起就会变成无色。然而，有趣的是，只要三种颜色合计为无色，三个夸克的颜色就可以互换。因为质子的构成是"u-u-d"形式，所以下面的三种夸克组

合都是无色的:

①红色的u夸克＋蓝色的u夸克＋绿色的d夸克;

②蓝色的u夸克＋绿色的u夸克＋红色的d夸克;

③绿色的u夸克＋红色的u夸克＋蓝色的d夸克。

在中子内部也一样,只要三种颜色合计为无色,三个夸克的颜色就可以自由进行交换。

构成质子或中子的三个夸克的颜色合计为无色时,质子或中子处于最稳定状态。所谓"最稳定状态",是指夸克绝对不会分散,而被牢牢关在质子和中子内部。反过来说,这种状态下,无法从质子和中子中取出单独的夸克。通过强力连接时,夸克一定会以合成色为无色的方式结合。

质子为何不会在电荷排斥力的作用下四分五裂

在揭开第二种"被隐藏的力"的神秘面纱之前,我们还有一个必须解开的谜题。请看图4-2中原子核的构造。

原子核（氢原子核除外）中间,有不止一个带正电荷的质子,质子之间存在着强大的电荷排斥力。为什么在电荷排斥力的作用下,大多数质子依然能够停留在原子核中呢?

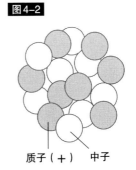

图4-2

质子（＋）　中子

这说明,有一种强度大于电荷排斥力的"强吸引力"

在起作用。日本第一位诺贝尔奖得主汤川秀树博士对这种力进行了解释。根据汤川博士的理论，质子和中子在不断交换一种名为"π介子"的粒子，并由此产生了这种吸引力。如图4-3所示，被不断交换的π介子共有三种，即带正电的π介子、带负电的π介子以及中性π介子。

图4-3

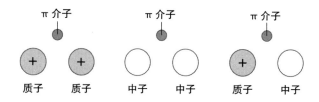

π介子的交换产生了"核力"，也就是吸引力。

　　由π介子产生的引力被称为"核力"。非常耐人寻味的是，π介子也是由夸克组成的。一个π介子由两个夸克组成，为了让这两个夸克的颜色合起来为无色，它们采取了一种独特的组合方式——两个夸克中的一个是正夸克，另一个是反夸克（"反"的意思会在第5章介绍）。比如，一个π介子中，一个夸克是红色，另一个夸克就是红色的补色——蓝绿色。属于补色关系的红色和蓝绿色叠加在一起就成了无色。

　　因为π介子也是由夸克组成的，所以核力的源头是色荷产生的强力。核力是强力的一种派生性表现。

　　耐人寻味的是，质子和中子通过π介子结合在一起构成了原子核，但原子核的质量却小于构成它的质子和中子的质量之和。这种现象被称为"质量亏损"。造成质量亏损的原因同样在于 $E = mc^2$。这又是怎么一回事呢?

π 介子产生的核力，将质子和中子"压缩"在极小的区域内。让它们无法离开彼此、紧紧结合在一起的结合能通过 $E = mc^2$ 转化为质量时，质量（m）的值刚好与质量亏损现象中损失的质量相等。

由此可见，$E = mc^2$ 在化学反应中同样能发挥作用。能量的增减必然伴随着质量的增减，这一切都是 $E = mc^2$ 干的"好事"。

电磁力和引力能够影响的范围是无限大的。与此相对，尽管强力与核力远比电磁力、引力强大，但它们能够影响的范围却极小。强力或核力只存在于原子核内部，能影响的范围和原子核的大小相近（只有约 10^{-15} 厘米）。

从第41页的图3–1中可以看出，所有电子都在距离原子核很远的外层做圆周运动，因此无法感受到强力或核力。归根结底，电子本身就是基本粒子，并非像质子和中子那样是由夸克组成的，所以，它不会受到这两种在原子核内部起作用的力的影响。就算电子进入原子核，它们也依然感受不到"强力"。

大自然厌恶高能量

终于轮到第二种"被隐藏的力"登场了。这种力的奥秘与 $E = mc^2$ 有着直接关系。

正如第3章中所讲的那样，中子（u-d-d）的质量要比质子（u-u-d）大一点点。也就是说，d夸克比u夸克的质量要大一点点。

现在，$E = mc^2$即将发挥作用。如前所述，E是能量，m是质量，c是光速。这个公式表明，质量可以转化为能量，能量也可以转化为质量。前者是"质量的能量化"，后者是"能量的质量化"。

我刚刚说过，d夸克比u夸克质量大。套在$E = mc^2$中，就能得出"d夸克比u夸克拥有更多能量"这一结论。也就是说，中子拥有的能量比质子多。

比质子质量大且能量多的中子相对于质子来说更不稳定。大自然厌恶高能量的不稳定状态，喜欢低能量的稳定状态。因此，如果将一个中子放在桌子上（只是假设，不要问我具体怎么放），15分钟左右，它就会变成质子。

那么，为什么能量高的状态比能量低的状态更不稳定呢？下面我们以重力势能为例来进行解释（图4-4）。

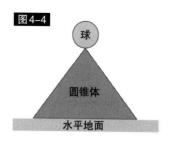

图4-4

球

圆锥体

水平地面

将一个圆锥体放在水平地面上，顶端放一个球。虽然球暂时能够保持平衡，但这种平衡状态是极不稳定的，球随时都有可能滚落地面。

上面的解释听起来似乎不够"物理学"。我们应该用球和地面之间的重力势能来进行说明。重力势能与球所在的高度成正比：球的位置越高，重力势能就越大；球的位置越低，重力势能就越小。

为了方便说明，我们以地面的高度为基准，假定地面的重力势能为零。在物理学中，重力势能越大，物体越不稳定；相反，重力势能越小，物体越稳定。

在图4-4中，处于圆锥体顶端的球因为拥有较大的重力势能而处于不稳定状态，它会主动向着稳定、重力势能低的状态运动。由于地面是重力势能最低的位置，所以球会主动朝地面运动，从圆锥体上滚落。

自然界一般厌恶能量高的不稳定状态，喜欢能量低的稳定状态。物体处于高能量状态时，会追求稳定的状态，朝着能量低的状态移动。

能改变粒子种类的"弱相互作用"

由 $E = mc^2$ 可知，质量越大的基本粒子能量越高。d夸克比u夸克质量大，所以d夸克的能量相对较高。因为d夸克比u夸克能量高、不稳定，所以它容易转变为稳定的u夸克。

d夸克转变为u夸克的一连串过程被称为"弱相互作用"。"弱相互作用"中之所以会有"弱"这个字，是因为当d夸克转变为u夸克时，"弱力"会发挥作用促进这种转变。"弱力"正是我们要讲的第二种"被隐藏的力"。弱力产生的弱相互作用通过 $E=mc^2$ 改变了夸克的种类。

在弱力作用下，中子（u–d–d）变成质子（u–u–d），这个过程被称为中子的"β 衰变"（图4–5）。这里的"衰变"指的是为了降低能量，转变为更稳定的状态，而变成另一种粒子的过程。

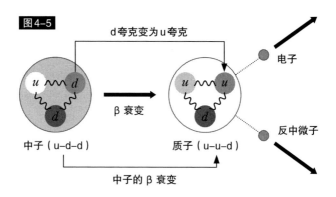

图4–5

d夸克变为u夸克

电子

β 衰变

中子（u–d–d）　质子（u–u–d）

反中微子

中子的 β 衰变

在"弱力"的作用下，d夸克变为u夸克，中子（u–d–d）变为质子（u–u–d）。这个过程中生成了电子和反中微子，它们会被向外放出。
这张图显示了放射性物质发出放射线（电子线）的基本过程。

在有多个中子且中子处于过剩状态的原子核中，为了减少中子的数量，其中一个（或多个）中子会发生 β 衰变，转变为质子。结果，原子核中减少了一个（或多个）中子，增加了一个（或多个）质子。这时，原子核一定会向外部空间释放出电子和反中微子（反中微子是中微子的反粒子，"反粒子"的概念将在第5章中详述）。

必须注意的是，被释放的电子和反中微子并非原本就存在于原子核内的粒子。也就是说，电子和反中微子都是在弱相互作用中被"创造"出来的粒子。这种创造粒子的现象同样是解开 $E = mc^2$ 奥秘的重要因素（参见第5章）。

极弱的"弱力"

原子的名称由原子核内部的质子数决定：拥有1个质子的原子是氢原子，拥有2个质子的原子是氦原子，拥有3个质子的原子是锂原子……拥有92个质子的原子是铀原子。当原子核内部的一个中子发生 β 衰变成为质子后，质子的数量就会增加一个，因此，原子的名称也不得不发生改变。也就是说，原来的原子变成了另一种原子。

β 衰变现象是随机发生的，不过只要发生，就一定会释放出电子和反中微子。在由同一种会发生 β 衰变的原子核（即原子）构成的物质中，如果大量原子核发生 β 衰变，就会向外部释放大量的电子和反中微子。这些电子被称为"β 射线"，这是一种放射线。因为电子带（负）电荷，所以当 β 射线进入人体后会攻击细胞。

强力可影响的距离是约 10^{-13} 厘米，和原子核的大小相当。弱力正如其名称所示，可影响的距离更短，大约只有强力的千分之一。也就是说，弱力和强力都只能在原子核内部发挥作用。承担着弱力的荷被称为"弱荷"。

因为强力和弱力都只能作用于原子核内部，不像电磁力和引力那样可以影响到无限远的地方，所以我们在日常生活中无法感受或观测到强力和弱力的存在。

以前"力"只有一个

到上一节为止，我已经为大家介绍了存在于自然界中的四种力。这四种力都可以通过存在于空间中的"力场"进行传播。其中，电磁力和引力是人类在很早以前就已经了解和熟悉的力，其能影响的距离无限大；强力和弱力是无法直接观测、人类并不熟悉的力，它们只存在于原子核内部。

截至2018年1月末，人类尚未发现这四种力之外的力。在表4-1中，我将这四种力按照强弱进行了排序。表中，在比较力的强度时，我将引力的强度设成了"1"。此外，表中的引力并非指宇宙尺度上的引力，而是指原子层面的引力。请大家注意，在原子层面，由于构成原子的粒子质量太小，所以就算距离很近，引力依然非常弱。因此，在原子物理学、原子核物理学和基本粒子物理学中，引力都可以忽略不计。

这四种力中，强力的强度最大，约为引力强度的 10^{40} 倍。$10^{40} = 1000000……0000000$，共有40个0。这下，大家能感受到强力有多强、引力有多弱了吧。如果不存在强力、电磁力、弱力这三种力，这个宇宙就无法产生原子。进一步说，我们人类就不会诞生。如果没有引力的话，现在的宇宙恐怕都不会存在。

由上表可知，这四种力的强度有着巨大的差距。这一点，与我们的宇宙演化到现在这个状态的过程是密切

表4-1 自然界中的四种力

种类	强度	源头	作用范围	出现在哪里
强力	10^{40}	色荷	10^{-13}厘米（约为原子核的直径）	组成质子和中子的夸克构成原子核的过程
电磁力	10^{38}	电荷	无限大	所有电磁现象中。构成原子和分子的过程，大脑中传达信号的过程，化学反应，肌肉收缩过程，人体内的组织活动
弱力	10^{15}	弱荷	10^{-16}厘米（强力的千分之一）	β衰变，放射性元素发出放射线的过程
引力	1	质量	无限大	在宇宙维度上非常明显。地球、太阳系、银河系乃至整个宇宙

相关的。学界普遍认为，在宇宙刚刚诞生时，这四种力曾为一种力，随着宇宙的不断演化，四种力才逐渐分化出来。

1967年，史蒂文·温伯格和阿卜杜勒·萨拉姆提出将电磁力和弱力统一为一个力，这就是"电弱统一理论"。这一理论认为，在宇宙仍处于炙热、高能量的状态时，电磁力和弱力曾处于无法区分的状态。

光的神奇之处

19世纪末，一个物理学难题浮出水面，难住了许多致力于解开物理学奥秘的科学家们。这一难题就是关于光的不连续出现之谜。

牛顿发现了光的色散现象，即光通过三棱镜时会被分成各种颜色的光。彩虹的出现就是光的色散造成的，是阳光射入大气中的水滴后分离成各种颜色光的结果。相反，各种颜色的光混合在一起，会变成白色的光。

1885年，瑞士人约翰·雅各布·巴耳末在实验中发现，氢原子可以发出不同颜色的光（可见光）。神奇的是，在通过光谱仪观察众多氢原子发出的光时，巴耳末发现这些带有颜色的光会以光谱线的形式出现，一种颜色的光和其他颜色的光之间存在空白（图4-6）。

图4-6

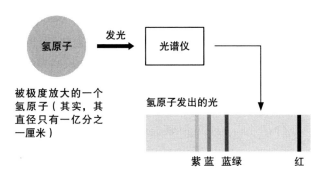

竖线表示有颜色的光（谱线），它们是分散出现的。其实，这是众多氢原子发出的光。一个原子一次只会发出一道谱线。

巴耳末在其他种类的原子中同样发现了各种颜色的光会不连续出现，并且会被分散吸收。那么，光为什么会不连续出现呢？原子又为什么会放出和吸收光线呢？牛顿力学与麦克斯韦的电磁学都无法解释原子发光和吸收光线的原理。面对这个问题，物理学家们一时束手无策。

1900年，德国人马克斯·普朗克发表了"黑体辐射理论"。太阳会释放出射电波或微波、红外线、可见光（也就是我们平时说的光）、紫外线、X射线和γ射线等多种电磁波，所有这些电磁波都带有能量。多亏有电磁波将太阳释放的能量送往地球，我们这些生物才得以生存。

根据普朗克的黑体辐射理论，所有物体（所有原子）在释放或吸收电磁波（光）的时候，能量都不是被连续释放和吸收的，而是会发生不连续变化。当我们向桶里倒水时，水量是连续增加的；倒掉桶里的水时，水量也是连续减少的。但是，普朗克却发现，当电磁波被物质吸收或由物质释放出来时，能量只会不连续地变化。

例如，光能只按照2、4、6、8、10、12……这样的规律变化。"2"后面是"4"而不是"3"。这种情况下，变化的间隔是"2"。也就是说，物质（原子）发光时，最小能量单位是2，接下来会按照4、6、8、10、12……这样的规律不连续发光。相反，当物质（原子）吸收光的时候，也只能按照2、4、6、8、10、12……这样的规律不连续地进行吸收。也就是说，光所拥有的最小能量单位"2"不可分割，无论是释放还是吸收，每次都只能以"2"为单位。

爱因斯坦的神奇理论

爱因斯坦注意到了这种奇妙的现象，并由此提出突破常识的全新理论——光量子假说。

这一假说认为，电磁波在被物质释放或吸收时是以粒子的形式运动的。从之前的物理学角度看，这无疑是一种突破常识的奇妙思路。人们已经知道，光（电磁波）会发生衍射和干涉现象，这两种现象都是只有波才会发生的，因此，学界普遍认为光（电磁波）就是波，而且是不折不扣的波（事实上，现在依然如此！）。

然而，当光打在金属上时，金属内部的自由电子会向外释放，产生"光电效应"。为了解释这一现象，我们必须将光看作一种粒子。爱因斯坦向众人证明，只要将光看作粒子，光电效应就可以轻松得到解释：以粒子的形式运动的光会撞击金属内的自由电子，将它们撞到原子外。

以粒子形式运动的光被称为"光子"。光子作为光的粒子，自然是以光速在空间中奔走的。光子这种粒子不具备质量，因此，它的精确重量为零。也就是说，光子与电子、质子或中子不同，它并非物质粒子。

随着将光看作粒子的光量子假说的登场，电磁波可以被看作光子的集合。最终得出的结论是，根据观测方法的不同，光有时被观测到是波，有时被观测到是粒子。

当光子这种粒子撞到像电子这样拥有质量和电荷的基本粒子时，可以将该基本粒子撞飞。在撞击时，推开对方的能力叫作"动量"。也就是说，尽管光子没有质量，却拥有能量和动量。光子的这种性质将在下一章揭开 $E = mc^2$ 的奥秘时发挥重要作用。

如果只考虑可见光，根据光量子假说，以粒子形式运动的光可以被解释为"光子的集合"，即"粒子的集合"。在我们眼中，可见光中的光子（粒子）数量越多光越亮，光子数量越少光越暗。当光与物质发生相互作用时，光必然以光子（粒子）的形式运动。当光打到我们的视网膜上时，它仍然以粒子的形式运动，之后会保持粒子的状态到达大脑。

于是粒子也变成了波

爱因斯坦的卓越理论解决了光为什么会不连续出现之谜。但是，还有一个疑问尚未解决，那就是原子为什么能够释放或者吸收光。解决这个问题的关键，与刚刚介绍的正好相反：在上一部分中，我们将一直被认为是"波"的光作为"粒子"来重新进行解释，而这一次，我们需要将某种一直被认为是"粒子"的物质当作"波"来重新审视。

第一个发现这把"钥匙"的人是法国人路易·维克多·德布罗意。1924年，德布罗意提出了"电子波"的概念。德布罗意想到，既然过去一直被学界认为是"电磁波"这种波的光也会以粒子的形式运动，那么，向来被认为是粒子的物质是否也能以波的形式运动呢？

电子与光子不同，它是有质量的。德布罗意认为，如果电子是一种波，那么只需要确定电子波的波长就可以了，于是他建立了表示电子波波长的公式。令人震惊的是，推导结果表明，不仅仅是电子，所有粒子都同时拥有粒子的性质和波的性质。就在德布罗意提出他的理论后不久，美国贝尔实验室的两名物理学家通过实验证明了电子会以波的形式运动。

这样一来，人们就发现了作为原子构成要素的电子、质子、中子都同时拥有粒子和波的性质。波与粒子的根本性区别在于，波是有广度的存在，而粒子只能占据空间中极为狭小的区域。另外，当我们回顾历史就会发现，在麦克斯韦登场前，人们就已经知道波必须满足被称为"波动方程"的微分公式。

接下来，物理学史上两名划时代的科学家即将登场。他们是奥地利的薛定谔和英国的狄拉克。这二人推导出拥有质量的电子在以波的形式运动时电子波所对应的波动方程。这个方程正是量子力学诞生的关键。新诞生的量子力学将过去的物理学推到了经典物理学的位置上。

波特有的性质

那么，原子为什么能释放和吸收光呢？

让我们以所有原子中结构最简单的氢原子为例来看一看（图4-7）。氢原子的原子核由一个质子构成，周围也只有一个电子在绕着原子核旋转，结构极为简单。位于中心的质子，其质量是电子质量的1836倍，尽管差距如此之大，但是二者所拥有的电荷量却完全相同。不过，由于质子的电荷为正、电子的电荷为负，所以二者间总是存在着电荷吸引力。

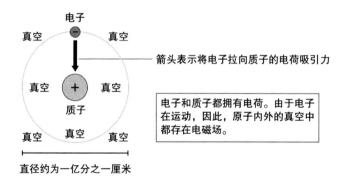

电子

真空   真空

箭头表示将电子拉向质子的电荷吸引力

真空   真空

质子

电子和质子都拥有电荷。由于电子在运动，因此，原子内外的真空中都存在电磁场。

真空   真空   真空

直径约为一亿分之一厘米

位于中心的质子（带正电荷），其质量约为在周围"徘徊"的电子（带负电荷）的2000倍。原子中到处都是真空！实际上，氢原子的重量几乎就等于位于原子核中心的质子的重量。

现在请大家回想一下我们对势能的介绍。在第33页中，这种"被储存的能量"已经登场。

在量子力学登场前，人们就已经发现，氢原子内部的电子（带负电荷）与质子（带正电荷）在真空中通过电荷力相互吸引，由此产生了势能。和被拉开的弹簧一样，电子和质子之间（通过电磁场）也储存着势能。

如前所述，与质子相比，电子的质量要小得多。因此，在原子中，电子可以轻易运动起来。从这个事实出发，我们不难想象，电子为了不落到质子上，始终在质子周围做圆周运动的情景。如此思考后就能得出结论，整个氢原子所拥有的能量，是结合电子与质子的电荷吸引力产生的势能与电子做圆周运动所产生的动能之和。

就算是结构非常简单的氢原子，如果将其带入波动方程，想得到结果也需要经过非常复杂的运算。在那个还没有发明计算机的年代，薛定谔和狄拉克竟然手工计算出了结果。

解开波动方程，究竟能得到什么结果呢？

能得到用算式表示的电子的波（被称为"波函数"），以及整个氢原子拥有的能量。氢原子的能量存在很多值，它们以相互离散（不连续）的形式出现。不连续的值？好像刚刚在哪里听过。

氢原子的能量从最低值到最高值，会不连续地变化，这种状态被称为"能量的量子化"。能量的最低值并不为零，随后出现的每个值也都绝不是随意出现的，它们都是氢原子特有的能量值（这些值被称为"固有值"）。

结果，因为氢原子内的电子以波的形式运动，所以氢原子获得的能量值只能表现为不连续的，即离散的。

原因在这里略过不谈，薛定谔和狄拉克的波动方程并不适用于棒球和篮球等宏观对象，而只适用于人类无法直接感觉到（即看不见、摸不着、无法感知）的微观对象。这样的对象被称为"量子"。光子同样是量子。在之后的内容中，"粒子"将是"量子"的同义词。

"多余的"能量消失到了哪里？

现在，我们将看到本书的主人公之一——能量（E）深奥的一面。

解开波动方程后，人们发现氢原子可能拥有的能量值并不是一个，而是很多个，而且它们是离散的。

实际测量前，氢原子可能拥有的能量值已经确定。但是，实际测量前，我们并不知道氢原子的实际能量是哪一个值。虽然令人难以置信，但是在测量前，氢原子的能量的确是不确定的。实际测量后，就会发现氢原子的能量值是已经确定的众多能量值中的一个，不过在看到测量结果前，我们并不知道具体是哪一个。

之前，我们提到过大自然厌恶高能量。氢原子同样如此。高能量状态下的氢原子不稳定，会倾向于转为低能量的状态。氢原子的能量只能不连续地变化，当处于高能量状态的氢原子不连续地转换为低能量状态时，自然会减少相应的能量。这些减少的能量非常关键。

转到低能量状态，氢原子必须将能量向外部释放。能量的释放通过释放带有能量的光子来实现。因为光子是光的"颗粒"，所以氢原子放出的是光。

这就是第96页图4-6展现的氢原子发光机制的奥秘。其他原子也会发光，而且原理与之完全相同。

厌恶高能量的氢原子最稳定的状态就是保持最低能量值的状态。因为最稳定，所以只要不受外部刺激，它就能始终保持最低能量状态。这种状态被称为"基态"。对此，本书不进行详细说明，如果想了解更多，请参考其他书籍，比如拙作《量子力学的奥秘》（量子力学のからくり，讲谈社BLUE BACKS科普系列）。

量子力学首次揭示了原子的内部结构。如前所述，原子由电子、质子和中子这三种更小的粒子构成。这三种粒子构成了现阶段所知的118种原子的全部。原子的内部构造和原子组合构成分子的过程都只能依靠量子力学来解释。量子力学同样是极为重要的物理法则。

量子运动的基本原理

有位德国年轻人试图挑战量子力学的构建方法，他走了一条与薛定谔和狄拉克完全不同的道路，他就是沃纳·海森堡。海森堡没有使用波动方程，而是用了其他的方法，这一方法与能够清晰展现 $E = mc^2$ 威力的某一现象的发现紧密相关。

海森堡使用的是一种被称为"矩阵力学"的极为抽象的理论。不久后，人们发现经由波动方程和经由矩阵力学得出的结论其实是完全相同的。

海森堡的矩阵力学中隐藏着一个惊人的事实，那就是宇宙中存在一个神奇的原理，它控制着所有量子的运动。这一原理的名字就叫"不确定性原理"。

不确定性原理存在两个方面：一是位置和动量的不确定性原理，二是能量与时间的不确定性原理。

让我们分别来看一下吧。

首先看一下位置与动量的不确定性原理。要想准确得知粒子的位置，就要以动量的牺牲为代价，动量的值会变得模糊。相反，如果想准确得知动量的值，则要牺牲位置信息，我们会因此而不知道粒子究竟处于什么位置。也就是说，无论是粒子的位置还是动量的值，都无法避开不确定性，我们无法同时准确得知这二者的值。

更耐人寻味的是，位置的不确定性和动量的不确定性的乘积是一个定值（或大于这一定值），这二者呈现一个增加另一个就会减少的反比关系。这就是位置与动量的不确定性原理。

能量与时间的不确定性原理则是描述能量与时间中隐藏的不确定性的。刚才我已经对氢原子的基态作了说明：当氢原子处于能量最低、最稳定的状态时，只要不受外界刺激，就能始终保持基态。

如果在处于基态的氢原子上施加热能，氢原子将吸收该热能，向高能量状态跃迁。但是，由于高能量状态并不稳定，所以氢原子终究还会向外部释放能量（放出光子），回到基态。

问题在于，氢原子能将这种不稳定的高能量状态保持多久。如果将保持高能量状态的时间称为"时间间隔"的话，因为能量越高越不稳定，所以时间间隔就会越短。另外，氢原子保持在能量比基态略高的状态时，其能量值绝非一个确定值，而总是伴随着不确定性。也就是说，能量值是有幅度的。

这里的"幅度"，指的是最高值与最低值之间的差距。能量的幅度，或者说不确定性，由保持高能量状态的时间间隔决定：时间间隔越短，不确定性越大，能量的幅度也越大；反之，时间间隔越长，能量值越靠近一个确定的值，能量的幅度也越小；当时间间隔无限大时，能量将不再具有不确定性，而是一个确定的值（能量的幅度为零），这就是所谓的"基态"。

也就是说，能量的幅度（能量的不确定性）与时间间隔的乘积同样为一个定值（或者大于该定值），这二者呈现一个增加另一个就会减少的反比关系。这就是能量与时间的不确定性原理。

能量守恒定律被打破了?!

在能量与时间的不确定性原理中包含着一个非常耐人寻味的事实：能量值在一定的时间间隔内不确定，会产生幅度，这意味着能量可以在该幅度中取任意值。在时间间隔无限短（事实上接近零秒）的情况下，能量值将极端扩大，最低值与最高值的差会变得极大。尽管我们不知道具体的能量值是多少，不过最高值一定会接近无限大。

所谓"可以取任意值"，意思是该能量值失去了限制。这就意味着在不确定性原理中出现的时间间隔内，能量守恒定律被打破，能量得以毫无理由地随意增减。换句话说，能量甚至能够无中生有。当然，根据不确定性原理，这种现象只会发生在极短的时间间隔内，在这段时间结束后，能量就会立刻消失。然而，这个事实通过 $E = mc^2$ 可以带来一个惊人的现象。

宇宙内在的不确定性的本质

前一节，我为大家介绍了两个不确定性原理。在不确定性原理中，包含着粒子拥有波的性质这一事实。

波无法集中在一点，必然会有扩展性。拥有扩展性，意味着该粒子的位置分散在各处。这与粒子位置的不确定性相关。

将数学方法"傅里叶变换"应用在与粒子位置相对应的波上，粒子的动量同样可以用波来表示，即粒子位置的离散程度可以转换为动量的离散程度。因此，动量值也绝非一个定值，而是同时存在多个分散的值。这与动量的不确定性相关。

同样，时间的不确定性也可以通过傅里叶变换转换为能量的不确定性。这两个结论都是仅仅利用数学公式进行理论推导得出的。

不过，海森堡对不确定性原理有一些不同的思考。他在不确定性原理中加入了人类观测行为的影响。

举个例子，请大家想象一个测定真空空间中电子位置的实验。没错，这又是我们熟悉的"思想实验"。因为在一片黑暗中什么都看不见，所以为了能看到电子的位置，我们必须用光照射电子。打在电子上的光会发生反射，反射光进入眼球，我们才能看到电子（图4-8）。

电子是基本粒子，会以点粒子的形式运动。因此，照在电子上的光是量子化的光，也就是"粒子光子"。

观测前，电子或许已经处于运动状态，拥有某个动量。当然，也可能处于完全静止的状态。无论如何，我们对观测前电子的位置和动量都一无所知。

图4-8描绘的是一个光子撞击电子的瞬间。也就是说，这是两个粒子的撞击现象。

由于光子拥有粒子的性质，因此，它同时拥有动量

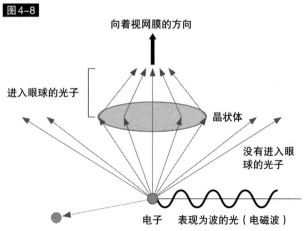

图4-8

向着视网膜的方向

进入眼球的光子

晶状体

没有进入眼球的光子

电子　表现为波的光（电磁波）

在光子的撞击下迅速跑开的电子

电子跑开的方向不确定，其速度变化（动量变化）同样不确定。

在正文的说明中考虑的是一个光子（粒子）的情况。与电子撞击后，光子向某个方向散射。图中的一个个箭头表示的是光子散射后的前进路径。不要忘记，这里考虑的光子只有一个。

和能量。撞击发生时，光子被电子撞开（类似光的反射）。这时，光子将自身拥有的一部分动量和能量转移给了电子。电子从光子那里得到了动量和能量，弹向某个方向。

通过与电子发生撞击，光子失去了一部分动量和能量。不过这里出现了一个问题，我们并不知道撞击时光子究竟分给了电子多大的动量。或者反过来说，撞击发生时，电子从光子那里得到了多大的动量。

实际上，这个问题没有人知道！我们不知道电子与光子发生撞击前的动量。在二者发生撞击的一瞬间，一定有一部分无人能够知晓的动量从光子身上转移到了电子身上。但是，由于不知道电子从光子那里得到了多大的动量，会向哪个方向飞出，所以出现了观测前电子动量不明的现象，这就是电子动量的不确定性。

那么，电子的位置又如何呢？如前所述，要想知道电子的位置，与电子撞击后被弹开的光子必须进入我们的眼球。我们不知道与电子撞击后的光子飞去了哪里，它是会到达眼球的正中间，还是眼球的某个边缘？

需要注意的是，到现在为止，我们都只考虑了一个光子的情况（参考图4-8）。这种情况下，我们只能知道被电子弹开的光子通过眼球某处的概率。这就是电子位置的不确定性。

海森堡将根据思想实验得出的电子位置的不确定性与电子动量的不确定性的乘积用公式表示了出来。结果与只利用数学推导得出的结论完全相同。海森堡的思想实验远比图4-8中的内容详细，他甚至考虑到了用于实验的光的波长和眼球的直径等问题，不过最终结果表明，这些条件并不会对结论造成影响。

这项思想实验中，完全不存在任何观测会伴随的测量误差，即不确定性原理不会受到任何测量技术的影响。

也就是说，不确定性原理中出现的不确定性，是从量子力学中诞生的、存在于宇宙之中的本质性的不确定性。就算说不确定性原理就是量子力学本身都不为过。

※

本章中，我们探究了支配原子核内部所有物理过程和量子现象的物理法则，这是人类感官无法感知的世界。在这一章中，我们认识了平时并不熟悉的力，窥见了能量现象的"深渊"。这些内容都会成为解开本书主题 $E = mc^2$ 的线索。

特别是将最后登场的不确定性原理应用于真空时，会发生"不得了的现象"。这究竟会是怎样的现象呢？请继续往下阅读。

第5章

$E = mc^2$ 的奥秘

——能量与质量为何相等

转换为能量的物质，转换为物质的能量

让大家久等了！终于轮到本书的压轴演员 $E = mc^2$ 登场了。说这个公式是世界上最著名的公式，应该没人会提出反对意见吧。1905 年，$E = mc^2$ 与狭义相对论一同诞生，它们带着强烈的冲击力打破了过去的物理学常识。

$E = mc^2$ 宣示了能量与质量是等价的。更令人意外的是，能量和质量的"中间人"竟然是光速还是它的平方。

根据这个公式，拥有质量的物质可以完全转换为能量，而电磁波等拥有的纯粹能量也能够完全转换为物质（质量）。物质的能量化与能量的物质化这种超乎想象的现象，竟然可以在毫不违反物理法则的情况下成立。

前一章中，我提到了光子没有质量，是拥有能量和动量的粒子。我也说过，光子的这种性质将在下一章解开 $E = mc^2$ 的奥秘时发挥重要作用。

尽管光子本身并非物质，但是它可以通过 $E = mc^2$ 表演出创造物质粒子——电子的绝技。而且它可以同时创造出两个粒子！这正是能量的物质化。

大家都知道的原子弹正是物质能量化的代表。当物质能量化时，c^2（光速的平方）发挥了重要作用。毕竟 c 的值原本就非常大，为每秒 30 万千米。正因如此，原子弹才拥有瞬间毁灭一座城市的威力。据推测，落在广岛的原子弹中转换为能量的质量仅为 0.7 克。这些质量不过是填充在弹头中的 64 千克铀的 0.0011%。

相反，c^2的存在，也意味着当能量物质化时，要想得到一定的质量，就必须消耗巨大的能量。

$E=mc^2$这个极为简单的公式中，包含着以上这一物理法则的精髓。

那么，能量与物质究竟为何"相等"呢？$E=mc^2$又是在怎样的思路之下诞生的呢？让我们灵活运用在前几章中积累的物理学奥秘，一步一步解开这个谜题吧。

重新考察物理法则

爱因斯坦在得出$E=mc^2$这一结论时，打破了重重因循守旧思想的阻碍，其中就包括牛顿提出的两个概念——绝对空间与绝对时间。

牛顿提出了一个被称为"绝对空间"的空间，并以此作为探究支配这个宇宙的物理法则的前提。牛顿认为，一切物质都存在于绝对空间中，并且在其中运动。同样，时间也是绝对性的存在，"我的现在"对身处全世界（不，对身处全宇宙任意位置）的人来说都是"相同的现在"，不会出现时间差之类的情况。

同时，我们还可以推测，牛顿对光的速度也并没有另眼相看。牛顿提出的所有公式中都完全没有光速（c）的介入，这是因为牛顿力学中的光速数值会根据观测方法的不同而发生变化。

牛顿去世152年后，爱因斯坦登场了。他于1905年发表了狭义相对论。这个理论一登场，牛顿信奉的绝对空间与绝对时间就迎来了终结。

那么，爱因斯坦所说的"相对"究竟是什么意思呢？为了理解它，让我们先来思考一下"速度"的概念。

提到速度时，总会伴随一个问题，那就是速度是相对于何物的速度。比如，我们在日常生活中能够体会到的车速，它其实是相对于地面的速度。然而，地面本身附着于地球表面，而地球会自转，而且地球在围绕着太阳旋转，以太阳为中心的太阳系也在高速运动。也就是说，无论是什么样的物质（物体），如果不明示速度是相对于何物的速度，都无法测出它的速度。

在物理学实验中，测定时必然存在观测者。就算在测定时使用同一个实验装置，观测者相对实验装置静止和以一定速度做匀速直线运动这两种情况下也会得出不同的测定值，因为其中加入了观测者自身的速度。

综上所述，测定值存在随机性。不过，这其中依然存在某种规律。用公式将各个测定值之间的规律性表现出来的就是物理法则。

观测者相对于实验装置的速度（这里设定为定值）可以取任意值。由于加入了观测者的速度，所以各个物理量的观测值会产生差异。但是，将各个测定值联系起来的关系式，即该实验装置遵循的物理法则，却是完全相同的。

为什么会出现这种情况呢？我们并不能这样问，因为这是公理。公理无须证明，而是被当作自明之理。

宇宙是"相对"组成的

那么，假设宇宙空间中只存在一个实验装置，观测者坐在做匀速直线运动的交通工具上。观测者相对于交通工具的速度为零。同时，乘载观测者的交通工具的数量也不必担心（准备无限个也没问题）。但是，乘坐每个交通工具的观测者人数限定为一人。此外，每个交通工具都在以不同的速度做匀速直线运动。

在各个交通工具中都设定一个坐标系。相对于该坐标系，观测者是静止不动的（速度为零）。也就是说，观测者被固定在该坐标系中。像这样相对于某一个物理实验装置以一定速度做匀速直线运动的坐标系叫作"惯性系"（图5-1）。这种坐标系不会产生加速度。

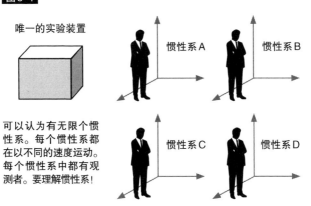

图5-1

唯一的实验装置

惯性系A   惯性系B

惯性系C   惯性系D

可以认为有无限个惯性系。每个惯性系都在以不同的速度运动。每个惯性系中都有观测者。要理解惯性系！

图5-1中所示的坐标系将在本章的后续内容中多次登

场，请大家不要忘记惯性系的概念。

无论是哪个惯性系中的观测者，在使用宇宙中唯一的一个实验装置进行测定后，取得的实验数据都会满足同一个物理法则。与各惯性系的速度（定值）无关，只要使用的是同一个实验装置，所有惯性系得到的实验数据都将满足完全相同的物理法则。

不过，从数值上看，并非所有观测者都能得到相同的数据。每个观测者都在以不同的速度进行匀速运动，因此，取得的数据自然会受到各自速度的影响。但是，处于一个惯性系中的观测者得到的数据，其数值变化以及数值之间的关系存在规律，而这一规律对处于任何惯性系中的观测者来说都完全相同。这个规律正是物理法则。

几乎所有物理法则都可以用公式（微分公式）表示。狄拉克的公式就是一个例子（式5-1）。

式5-1

$$(\beta mc^2 + c\,(\alpha_1 p_1 + \alpha_2 p_2 + \alpha_3 p_3))\,\psi\,(x,t) = i\hbar\,\frac{\partial\psi\,(x,t)}{\partial t}$$

将不同观测者得到的数据（数量庞大的数据）代入式5-1后，方程的形式不会改变，左右两边都会正好相等。不同观测者的速度不同，得到的数据也不同，不过都能满足式5-1。这就意味着，尽管观测者得到的数据各不相同，但数据遵循的物理法则却完全相同。

现在让我们重新回到图5-1。图中仅仅画出了一个实验装置（毕竟，存在于这个宇宙空间中的实验装置只有一个）。这唯一的实验装置是静止的吗？还是在以一定的速度运动呢？大家的答案是什么？

　　爱因斯坦的答案是：这无所谓！重要的只有相对速度。就算实验装置本身在进行匀速运动也无所谓，各个惯性系相对于实验装置依然在以不同的速度做着匀速直线运动。也许有的惯性系在向右运动，有的惯性系在向左运动，这都无所谓。

　　这个实验中，惯性系的速度指的永远是相对于实验装置的速度，实验装置本身是静止的还是运动的完全没有影响。静止指的是相对于什么的静止？这个宇宙中的所有速度都是相对速度，无一例外。

　　不对！我必须向大家坦白，的确有一个例外。就连否定了牛顿坚持的绝对性、彻底主张相对性的爱因斯坦都不得不承认，这个宇宙中存在绝对的东西，那就是光速。

光速——这一神奇的存在

　　光速确实是一个神奇的存在。

　　假设观测者A一边沿着光运动的方向匀速奔跑一边测量光速，观测者B则相反，一边沿着与光运动方向相反的方向匀速奔跑一边测量光速。因为这个宇宙中的速度全都是相对速度，因此，观测者A与观测者B测出的光速值应该不同，因为这二人是沿着完全相反的方向运动的，测量值应该会受二人运动的影响。

　　但是，这二人测出的光速却完全相同。你问这是为什么？没有人知道！而且我们甚至都不知道为什么只会测出每秒30万千米这一个值。为什么每秒5万千米或者每秒58万千米就不行呢？没有人知道。

假设光从图5-1的实验装置中跑出来，并在空间中行进。这种情况下，在无限多个惯性系（每一个的速度都不同）中进行观测时，所有观测者都能得到完全相同的光速。很神奇吧！我只能说，世界就是如此运行的。

从上述事实中，我们可以得出以下结论。

√ 没人知道宇宙中是否存在绝对静止的坐标系，即绝对空间。然而，物理学不考虑绝对静止和绝对空间。更准确地说，是完全没必要考虑。同样，也完全没必要考虑绝对时间。

为什么？因为在各个惯性系中，时间的运行方式各不相同。尽管这听起来很不可思议，但如果不能接受这个事实，就无法理解相对论。

下一节，让我们来看看相对论中时间与空间的紧密联系。而促成这一联系的又是光速（c）。

"时空"的出现

现代物理学中，不必考虑牛顿无比重视的绝对空间和绝对时间。关于其中的原因，让我们再深入思考一下。

首先从物体的速度开始。如同我们在小学数学课上学到的那样，某个物体的速度可以通过距离除以时间获得。

速度＝运动距离 ÷ 花费的时间

在这里，需要注意的是"运动距离"的含义。物体运动指的是通过空间的过程，即在空间中移动。因此，"运动距离"指的是空间中两点间的距离。表示速度的公式从而可以变为：

速度＝空间中两点间的距离÷花费的时间

由于距离与空间密不可分，因此，距离实际表示的是空间中的某个领域（空间的大小）。速度的定义由此可以简化为：

速度＝空间÷时间

光速的值同样可以用空间中两点间的距离除以花费的时间来表示。因此，光速也可以用以下的公式表示：

光速＝空间÷时间

如果用更详细的公式来表达，则为：

光速＝空间÷时间＝空间的大小÷时间间隔

无论进行怎样的实验，测定的结果都是完全相同的，即每秒30万千米。将这个值用字母"*c*"表示，就能得到下面的公式：

c＝空间÷时间＝每秒30万千米……………………公式①

公式①中的"*c*"表示这个宇宙中唯一的定值（独特而永远不变的值），即绝对速度。

由公式①还可以得出一个打破常识的结论。一个奇妙的宇宙观即将登场，在这里，时间与空间密不可分。

在公式①中，时间与空间的比值总是保持同一个值，即光速（c）。因此，如果空间变小，时间必须同时变小；反之，空间变大，时间必须同时变大。"时间变小"指的是时间收缩，即时间间隔变短。也就是说，时间会更快地前进。

为了更好地认识这个宇宙观，我们以式5-2为例。在式5-2中，为了保证比值始终为2，分母必须随着分子的减小而减小。同样，为了保证光速（c）这个绝对速度不发生变化，公式①中的"空间"和"时间"也必须在任意一方发生增减时一同增减。

式5-2

$$2 = \frac{400}{200} = \frac{300}{150} = \frac{100}{50} = \frac{60}{30} = \frac{18}{9} = \frac{8}{4} = \frac{4}{2}$$

让我们再次回到图5-1。处于各惯性系中的观测者（他们分别以不同的速度运动）将自身与其他观测者进行比较时（这正是"相对"的含义），就会注意到对方的空间大小与时间的流逝情况与自己不同。

这个事实迫使传统的时间观和空间观必须发生翻天覆地的变化。日常生活中，我们明显感觉时间与空间是两种不同的事物。然而，现在我们不能再将时间与空间作为相互独立的存在来看待了。新的宇宙观就这样诞生了，时间与空间密不可分，"时空"的概念出现了。顺着这个概念走下去，将不再需要考虑绝对空间与绝对时间。

将绝对不可分离的时间与空间紧密连接在一起的，不是别的，正是光速。光速是宇宙中唯一绝对而并非相对的存在！它的值是独一无二的。

光速不变原理和物理法则

基于这一思路，爱因斯坦提出了以下两个假设（或者说是公理）。因为是公理，所以没有证明过程。

① 无论以什么样的惯性系为基准，光速都是固定的，即每秒30万千米。光速绝不会出现除此之外的任何值。因为光速是如此独特的值，所以要使用特殊记号"c"来表示。即$c=$每秒30万千米（相对于这个宇宙中存在的任何事物都是如此）。这一假设就是"光速不变原理"。

② 就算加入光速不变原理这一条件，所有惯性系中的物理法则也不会发生任何变化。比如，用公式表示电场和磁场关系的麦克斯韦方程是一项物理法则，其中就包含光速（c）。并且只有在"从任何惯性系进行观测，光速都恒定不变"的条件下，麦克斯韦方程才能够不改变其形态而成立。不仅是麦克斯韦方程，其他任何物理法则也都如此。

无论图5-1中的惯性系是什么样的惯性系，以多大的速度运动，只要其速度不超过光速，这两个假设就始终成立。建立在这两个假设基础之上的理论就是狭义相对论。为什么是"狭义"？因为这一理论需要加入"在惯性系中成立"这一限制条件。

惯性系是指以一定的速度做匀速直线运动的坐标系。换句话说,惯性系是"未被加速的坐标系"。但是,回想一下日常生活中接触到的物理现象,我们很容易就会发现,这个世界中充满了"被加速的坐标系"。比如,在宇宙中不断喷出燃料、速度越来越快的火箭就是"被加速的坐标系"。这种状态下的火箭,其内部空间就无法成为惯性系。

为了让相对论能够在"被加速的坐标系"中同样成立,必须使其理论更为精致,由此便诞生了广义相对论(这一问题我们将在稍后讨论,参见第6章)。

什么是物理量的守恒

根据爱因斯坦革命性的新理论,牛顿的运动定律不得不面临修正。在牛顿的运动定律中,自然没有加入光速不变原理。为了满足狭义相对论的要求,我们需要对牛顿的运动定律进行修正。

但需要注意的是,牛顿的运动定律绝对没有过时。在解释日常生活中能够观测到的物理现象,或机械工学、航空工学等领域的现象时,因为处理的都是远比光速小的速度,所以修正前的牛顿力学能够完美地发挥作用。只有当物体(粒子)的速度接近光速时,才需要使用狭义相对论进行解释。

在导入狭义相对论时,还有一个爱因斯坦必须修正的对象,那就是动量。

粒子拥有的动量是指该粒子与其他粒子相撞时撞击对方的能力。牛顿力学中包含着动量守恒定律。

质量为m的粒子以速度v运动时，该粒子的动量用m与v的乘积来表示（mv）。这就是动量的定义（与其他定义一样，无须证明）。根据这一定义，物体的质量越大，或者速度越快，物体的动量就越大，即动量与物体的质量和速度成正比。

根据惯性定律，粒子拥有的动量在不受外部影响的情况下始终不变。物体永远保持相同动量这一规律被称为"动量守恒定律"。

那么，物理学中的"守恒"是指什么呢？

某个物理量守恒，是指在完全不受外界影响的情况下，该物理量不会随着时间的变化而变化。

动量守恒定律在两个物体撞击时同样成立。只要不受外界的影响（如摩擦），两个物体的动量相加后得到的整体动量在撞击前后就不会发生变化，而是守恒的。

让动量发生变化的唯一方法是从外部施加力，影响该粒子的运动。这与牛顿第二运动定律完全相同，即"力是改变动量的唯一原因"。因此，在受力的瞬间，动量将不再守恒（摩擦同样是力，被称为"摩擦力"）。

重新定义动量

现在，让我们再次回到图5-1。试着想象在宇宙中只存在一个实验装置，某个粒子在一段时间内以一定的速度做匀速直线运动。因为是匀速直线运动，所以该粒子的动量守恒。

无限个惯性系内的观测者都在观测该粒子的运动状态。虽然已经提过很多次，不过我还要强调，各惯性系都在以不同的速度（都是固定的速度）运动。固定在各惯性系内的观测者在观测实验装置内做匀速直线运动的粒子时，都能看到它在做匀速直线运动。该粒子的动量守恒，不会随时间变化。

但是，这里出现了一个重大问题！如果某个惯性系相对于实验装置以接近光速的速度匀速运动，或者实验装置本身相对于所有惯性系以接近光速的速度匀速运动的话（不要忘记，所有速度都是相对速度！），在前一种情况下从该惯性系中进行观测，或者在后一种情况下从任意惯性系中进行观测，都会发现实验装置内的粒子动量无法守恒。

动量守恒定律是支配自然的法则之一，必须遵守！尽管如此，实验却表明：当实验装置本身或某一惯性系相对于实验装置以接近光速的速度进行运动时，粒子的动量（质量和速度的乘积）就无法保持恒定（实验装置内做匀速直线运动的粒子，其速度接近光速时同样如此）。

爱因斯坦面对这一重大问题，又产生了一个大胆的想法：要想守住动量守恒定律，就要保证从任意惯性系中进行观测时，粒子的动量都必须守恒，即动量绝对不能随时间变化。为此，爱因斯坦认为，必须对动量本身重新进行定义。

拥有伟大才能的爱因斯坦对粒子的动量"mv"中的"m"(质量)进行了"加工":为了从所有惯性系中观测都能保证动量守恒,粒子的质量(m)必须随粒子速度(v)的变化而变化,速度增加时质量也必须增加。

嗯?意思是粒子的运动速度越快,其质量就会越大吗?

这真是一个异想天开的想法。然而,规定"运动中的物体(粒子)的质量相对于静止时的质量有所增加",是维持动量守恒定律有效性的唯一方法。

重新定义后的动量被称为"相对论[性]动量",随速度变化增减的质量被称为"相对论[性]质量"。"相对论[性]"这个词,只用在粒子(物体)的速度接近光速时;当粒子(物体)的速度远小于光速时,会使用"非相对论[性]"这种表述方式。

然而通过重新定义动量,并没有出现一切问题都得到解决的"可喜可贺"的结果,这正是物理法则的有趣之处。随着粒子速度的增加,其质量也会增加。当速度刚好达到光速时,会出现质量的值变为无限大的情况。存在"无限大的质量"这种事,物理学才不会接受!

由此,我们可以得到下面这条重要的结论:拥有质量的粒子,其速度存在上限,即光速。

一切拥有质量的粒子,其速度都绝不可能超过光速。宇宙中能出现的最快速度就是光速,信号传输的最快速度同样是光速。

为了让粒子在接近光速的情况下也能保证动量守恒,

其质量必须随着速度的增加而增加。当粒子静止时，其速度自然为零。粒子速度为零时的质量被称为"静止质量"。牛顿力学中出现的质量全都是静止质量，它的数值不因速度的变化而变化。

一般情况下，只要没有额外说明，所有粒子（特别是基本粒子）的质量都是静止质量。因为要想回答"该粒子在相对论［性］质量是多少？"这个问题，我们每次都必须先指定该粒子的速度。事实上，从所有惯性系中观测某个特定粒子时，其静止质量都是完全相同的。

在粒子速度远小于光速的情况下，相对论［性］动量接近普通情况下的动量，牛顿力学中的非相对论［性］动量中的质量实质上与静止质量相同。牛顿力学与相对论［性］力学完全不同。只有在粒子（物体）的速度远小于光速时，牛顿力学才近似于相对论［性］力学。

光子的质量为何为零

相对论［性］动量重新定义了传统的动量。顺着这个思路，我们可以得出一个耐人寻味的结论。

我已经向大家介绍过，当粒子的速度达到光速时，会出现该粒子的质量变得无限大的问题。从另一个角度思考这一问题，可以通过数学证明得出结论：静止质量为零的粒子，速度必须达到光速；相反，以光速运动的粒子，其质量必须为零。

究竟什么样的粒子能够符合这样的条件呢？看到这

里，想必大家已经明白了，只有在本书中已经数次登场的光子，才是以光速驰骋于宇宙中且不具备任何质量的粒子。在现实宇宙中可以观测到的粒子，完全符合这项条件的只有光子。

光子是电磁波量子化的产物。电磁波是电场和磁场的振动，因为这两种场都不具备质量，所以光子的质量自然为零。也就是说，电磁波的前进速度为光速。

非常耐人寻味的是，质量为零的光子，其运动方式与拥有质量的粒子非常相似。这是因为，虽然光子的质量为零（所带电荷量同样为零），但它依然拥有能量、动量以及自旋角动量。

光子确实是一种充满谜的粒子。在我们熟悉各种物理法则前，它同样是一种难以通过想象来把握其形态的粒子。但是至少我们正在通过越来越多的事实，逐渐弄清光子对这个宇宙造成的物理及化学影响。

光速 c 为何要用平方

为了推导出主角 $E=mc^2$，我们不得不借助数学的力量。但在这里，我会在尽量少用数学理论进行推导的情况下，带领大家掌握这个能代表相对论的、最著名的公式的概略。

为了推导出 $E=mc^2$，我们需要了解几个物理单位。

质量的单位是此前已经登场的"千克"（kg）。速度等于距离除以时间，速度的单位我们用"米/秒"（m/s）。

我们将已经出场的千克、米和秒这三个基本单位构成的计量单位制称为"MKS单位制"。这样的物理单位也被称作"维度"。

接下来需要考虑加速度的单位。表示"每秒发生的速度变化"还是要用到"米",加速度的单位是"米每二次方秒"(m/s^2)。

根据牛顿第二运动定律,力的单位是质量与加速度的乘积,即(kg)·(m/s^2)。

能量的单位"焦耳"等于力与距离的乘积,即(kg)·(m/s^2)·(m)。

单位已经到齐,现在让我们思考一下"质量与速度平方的乘积"应该如何表示。速度(m/s)的平方是(m/s)^2,因此,这一乘积可以表示为(kg)·(m/s)^2,并可以利用代数学进一步改写为式5-3的形式。能量的定义是"力与距离的乘积",因此,式5-3的等号右侧可以表示能量(单位为焦耳)。

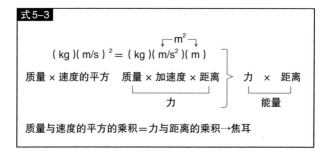

现在,请仔细观察$E=mc^2$中的"mc^2"。这里出现的"c"是光速,而"c^2"就是光速的平方。"mc^2"中的

"m"是质量。这里的质量是指粒子的质量。对照式5-3，"mc^2"正是质量与速度平方的乘积。也就是说，"mc^2"可以表示能量。根据能量单位的定义，如果不加入"速度的平方"，就无法达到能量的量纲，所以必须引入"c^2"。如果不对"c"进行平方运算而直接使用"mc"，就无法得到表示能量的量。

于是，"mc^2"就这样成了能量（E）。这里的能量是粒子拥有的能量，指的是速度接近光速的粒子拥有的能量。因为粒子的质量（m）由其速度（v）来决定，所以，"mc^2"是该粒子拥有的相对论［性］能量。

不过，就算粒子的速度远小于光速，粒子拥有的能量也仍然可以用"$E=mc^2$"来表示。不过，随着其速度逐渐减小，最终接近零，粒子的质量会逐渐接近静止质量，这时，$E=mc^2$中的"m"也将无限接近静止质量。

看到这里，大家可能会有这样的疑问：嗯？就是说即使静止，粒子也依然拥有能量？

是的。静止的粒子拥有的能量被称为"静止能量"。静止能量同样可以用"$E=mc^2$"来表示。这种情况下，质量（m）就是静止质量。也就是说，静止的物体同样能够转换为能量。

不过话说回来，在$E=mc^2$中，为什么粒子速度（v）的平方不用"v^2"来表示，而是用光速（c）的平方"c^2"来表示呢？因为我省略了推导$E=mc^2$的详细数学过程，所以，对该问题的解释可能不够充分。简要说明的话，"光速不变原理"在这里发挥了重要作用。在第115页的

图5-1中，我们说明过从任何惯性系中测定光速都能得到同样的值，即每秒30万千米。光速与惯性系的相对速度无关，这是 $E = mc^2$ 中出现光速（c）的根本原因。

光速（c）确实是个神奇的物理量，有时甚至会神奇到让人难以理解。

什么是"相对论［性］动能"

前文中，我们已经重新定义了动量，让"相对论［性］动量"登场了。这一次，该轮到"相对论［性］动能"登场了。它与普通的动能有什么不同呢？

运动中的粒子拥有速度。正如我在第2章中所说的那样，在牛顿力学中，质量为 m（单位为"kg"）、速度为 v（单位为"m/s"）的粒子，其动能可以用式5-4表示。式子最前面的"1/2"是通过理论导出的，并不具备太大的物理意义。粒子拥有的动能，本质上是质量（m）和速度的平方（v^2）的乘积。粒子质量越大，或者速度越大，该粒子拥有的动能就越大。

式5-4	
$\dfrac{1}{2}mv^2$	牛顿力学中的动能

这个公式中同样出现了质量与速度平方的乘积。如果速度不进行平方运算的话，就无法达到能量的量纲。

动量（mv）是衡量两个粒子彼此相撞时将以多大的力量"撞飞"对方的标准（这时对方完全不会受到伤害，

这样的碰撞被称为"弹性碰撞")。举个例子，请想象在美式橄榄球比赛中，对方选手使劲撞向持球选手，将持球选手撞飞。撞向对方的选手，其质量（体重）越大、奔跑速度越快，撞飞对方的能力就越强。动量由质量和速度决定，因此，动量可表示为质量与速度的乘积（mv）。

不过，当粒子的速度大到接近光速时，就像动量需要被重新定义一样，动能的概念同样必须被修正。也就是说，必须考虑"相对论［性］动能"。首先，让我们随意选取一个惯性系，将相对于该惯性系进行运动的粒子质量分为"运动时的质量"和"静止时的质量"两种，进行以下表述。

① m 是物体以速度 v 运动时的质量。

② m_0 为物体静止时的质量（右下角的"0"表示速度为零）。

根据"相对论［性］动量"的思路，运动中的物体（粒子），其质量与静止时相比会增加。因此，m 自然会比 m_0 大，即 $m > m_0$。

如同前文中说明的那样，当粒子以速度 v 运动时，其相对论［性］能量为 mc^2（不是 v^2，而是 c^2），而该粒子的静止能量为 m_0c^2。延续刚才的思路，mc^2 自然要大于 m_0c^2（$mc^2 > m_0c^2$）。

现在，请想象一个带电粒子通过直线加速器，从速度零（静止状态）开始直线加速到速度 v。其结果就是，粒子的相对论［性］能量从 m_0c^2 增加到了 mc^2。即粒子被加速后，其相对论［性］能量会增加，而且增加的量由粒子质量的增加量决定。能量增加的部分可以用"mc^2 — m_0c^2"来表示。这就是粒子以接近光速的速度运动时，该粒子的相对论［性］动能。

牛顿力学中的动能是粒子速度远小于光速时的动能，因此，牛顿力学中的粒子质量实际上就是其静止质量（m_0）。也就是说，在牛顿力学中，尽管粒子在运动，但由于其速度远小于光速，我们可以将其质量视作不因速度变化而变化的存在。因此，牛顿力学中的粒子质量总是静止质量（m_0）。

无论是怎样的能量，都可以转换为质量

让我们将牛顿力学中的动能与狭义相对论［性］动能（相对论［性］动能）放在一起进行比较（式5-5）。

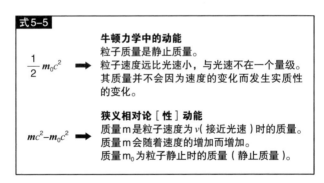

表示这两种动能的公式差异极大。不过在式5-5下方表示相对论［性］动能的公式中，如果将粒子速度v逐渐减小，在公式中代入远比光速c小的数值的话，在v无限接近零时，相对论［性］动能"$mc^2 — m_0c^2$"将无限接近

牛顿力学中的动能 $\frac{1}{2}m_0v^2$（式5-6）。这也是牛顿力学可以被视为狭义相对论的"近似理论"的一个证据。

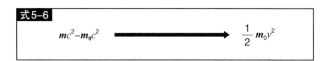

式5-6

$$mc^2-m_0c^2 \longrightarrow \frac{1}{2}m_0v^2$$

还有一件事。相对论［性］动能（$mc^2-m_0c^2$）表示的是粒子速度 v 增加后粒子增加的能量，可是，这一能量为什么会增加呢?

恰当的解释是：粒子被加速，所以动能增加了。实际上，使用加速器等设备加速粒子后，粒子的动能就会由于速度的增加而增加。

动能增加的部分会通过 $E=mc^2$ 转换为质量，这部分质量会被加到粒子原本拥有的静止质量上。因此，运动中的物体（粒子），其质量相对于静止时会有所增加。

能够通过 $E=mc^2$ 转换为质量的并不仅仅是动能。科学家已经证实，热能、化学能、核能，包括此前曾数度登场的势能在内，一切形式的能量都可以转换成质量。

$E=mc^2$ 拥有的深层含义

接下来，让我们更加详细地看一看 $E=mc^2$ 拥有的物理学作用。

公式右边的"mc^2"是运动中的粒子具有的能量。我们之前已经讲过，当粒子以接近光速的速度运动时，会打破动量守恒定律。为了防止这种事情发生，唯一的方法就是导入"相对论［性］动量"这一思考方式，即质量 m 会随着速度 v 的增加而增加。

这就意味着，运动中的粒子拥有的能量同样必须随着速度的增加而增加。当粒子的速度刚好达到光速时，粒子的能量将变得无限大。因此，我们可以得出结论，所有物质粒子的速度都无法超过光速。

$E = mc^2$ 意味着粒子的能量增加，其质量也会增加；相反，"粒子的质量增加，其能量也会增加"的说法同样成立。于是，我们可以得出以下结论。

∨　**质量增加 ⇌ 能量增加**

粒子的能量增加时，该粒子的质量也会增加，这也意味着粒子会变得不容易被加速。刚才我已经提到，当粒子的速度达到光速时，粒子的能量将变得无限大。其实，当粒子的速度达到光速时，其质量也会变得无限大，即粒子拥有无限大的质量。

如何才能使拥有无限大质量的粒子加速呢？没有人能办到。

我在第125页介绍过，拥有质量的粒子，其速度存在上限，这个上限就是光速。一切拥有质量的粒子，其速度都绝对不可能超过光速。这个宇宙中能出现的最快速度就是光速。拥有质量的一切粒子，其速度都绝对无法超越光速，否则，其质量会变得无限大。

失去能量的粒子，同样会失去质量

前一节中，我已经解释了 $E = mc^2$ 意味着粒子的能量增加其质量也会增加。

实际上，与此截然相反的现象也会发生，即粒子失去能量后会因为质量减小而变轻。

为了说明这种现象，让我们请电磁波中的 γ 射线登场。电磁波（光）没有质量，却拥有能量。在第 3 章中，我已经介绍过电磁波是根据振动频率命名的，γ 射线是其中振动频率最高的。因为电磁波拥有的能量与其振动频率成正比，所以 γ 射线拥有很大的能量。

一部分放射性物质具备释放 γ 射线的能力。γ 射线是射线的一种，由放射性物质的原子核释放。1 千克的放射性物质包含数量庞大的原子核（可以达到 $10^{24} \sim 10^{25}$ 个），这些原子核无法同时释放 γ 射线，而是逐一或者以组为单位释放 γ 射线，因此，如果观察整个放射性物质，就会发现 γ 射线在一定时间内被持续释放。

假设我们在某个时刻测定该放射性物质的精确质量，然后在几年后再次测定同一放射性物质的精确质量。在这几年间，该放射性物质释放出大量 γ 射线，但由于 γ 射线并没有质量（准确来说，质量为零），所以，该放射性物质的质量应该不会改变。

然而，实际测定后，我们会发现其质量明显减少了。原因是什么呢？想必大家已经知道了。

这就是 $E = mc^2$ 干的"好事"。

γ 射线没有质量，却拥有极大的能量。此种情况下，γ 射线从放射性物质上带走了能量，因此，$E = mc^2$ 左边的"E"（能量）减小了。当左边的"E"减小后，为了维持等号两边相等，右边的"mc^2"也必须减小。

c^2 是光速的平方，是定值，不会发生变化。因此，为了让 mc^2 减小，只能让 m 减小。于是出现了能量减小会引起质量减小的结果（式5-7）。

在任何公式中，为了使"左边＝右边"总是成立，在公式左边的数值减小后，右边的数值也必须减小。反过来同样成立。

$E = mc^2$ 这个公式与其他公式不同的地方在于，为了维持等号两边相等而引发的现象极具戏剧性——竟然会伴有能量或质量的增减！

"等价"和"相同"有何区别？

我想大家从以上的论述中，已经能理解能量与质量的等价性了。

不过，还有一点必须注意，那就是"等价"与"相同"并非同义词。这是什么意思呢？

　　说到底，能量和质量的单位完全不同。能量的单位是焦耳，即"（kg）·（m/s）^{2}（m）"，而质量的单位是千克（kg）。然而，根据$E=mc^2$，能量的增减会直接引发质量的增减，从这一点上，可以说这二者是等价的。尽管这二者不完全相同，但它们却是等价的。请大家一定注意这一点。

　　也许大家觉得这只是个文字游戏，然而在物理学中，能量与质量的等价性是引发极为重要而神奇现象的根本原因。这就是本章开头介绍的"物质的能量化"和"能量的物质化"。这些超乎想象的现象，之所以能够在完全不违反物理法则的前提下出现，都是因为$E=mc^2$。

　　如前所述，装填在原子弹中的约64千克铀，其中只有0.0011%，也就是0.7克的质量转化为了能量，而这就可以造成巨大的伤害。

　　原子弹的原理是，一个原子核通过吸收中子，分裂成两个较轻的原子核（这一过程被称为"核裂变"），此时原子核会释放出巨大的能量。裂变后的两个原子核，质量加起来要比裂变前的原子核与其吸收的中子的质量总和小。也就是说，核裂变前后产生了质量差。这部分质量在核裂变时消失了。

　　消失的质量m通过$E=mc^2$转换为能量，这就是物质的能量化。事实上，这个现象本质上与刚才介绍过的放射性物质的原子核释放 γ 射线后质量变小的现象相同。

　　物体的质量是指该物体拥有的物质的量。$E=mc^2$表示物质的量与能量等价，因此会发生物质的能量化。

另外，$E = mc^2$ 中的质量 m 指的是惯性质量。不过，对同一个物体来说，惯性质量与引力质量的数值完全相等。因此，能量和质量一样会成为造成引力的原因（能量也能成为引力荷）。

举两个极端的例子，通过 $E = mc^2$，"实际"会引起以下两件事。

例1 物质完全消失，转化为纯粹的能量。

例2 能量完全消失，物质出现。

例2表示的是能量的物质化，即会出现"能量转化为物质"这一惊人的事实。那么，"纯粹的能量"究竟是什么呢？

典型的例子就是电磁波的能量。电磁波的质量为零，也就是说，电磁波并非物质。因此，我们可以说，电磁波是由纯粹的能量组成的。

质量为零的电磁波转换为拥有质量的粒子，这种现象真实存在。这就是电子对生成。

负能量?!

要解释电子对生成这一现象，就不得不介绍一下"反粒子"。在发现这种奇妙粒子的过程中，物理学家们很是烦恼，使他们感到困扰的恐怖存在就是"负能量"。

下面，让我们以势能为例来进行思考。

重力势能是物体距离地面一定高度时，储存在地面与该位置之间的空间中的能量。重力势能的大小用"高"

或"低"来表示，必须确定是相对什么位置的高或低，即必须确定高度的基准。该基准的势能通常设定为"0"。因此，如果物体的位置比基准点低，它所拥有的势能即为负值。到这里为止，都很好理解吧?

接下来，让我们想象一个与外界完全隔离开的粒子。这颗孤独的粒子并不处于任何场中。该粒子本身拥有的能量不存在基准点（毕竟它是孤独的），它能拥有的最小能量是静止能量，即"m_0c^2"，它是一个正值。

该粒子进行运动时，因为运动会让质量增加，所以根据$E=mc^2$，该粒子的能量依然是一个正值。无论静止还是运动，该粒子的能量总是正值，也就是说，能量总是大于零，不存在负值。在这个宇宙中，单独的粒子拥有的能量总是正值，不存在拥有负能量的粒子。

然而，事实上却出现了不得不考虑拥有负能量粒子的情况。其契机是为了满足狭义相对论的要求而建立的狄拉克波动方程（参见第116页）。

狄拉克波动方程是量子力学的波动方程，从中诞生了相对论量子力学。因为详细的说明需要太多数学推导，所以我在此略过。从结论来看，这个方程说明相对论［性］能量有正负两种。这是什么意思呢?

在狭义相对论中，粒子拥有的相对论［性］能量，其平方如式5-8所示。这里的"p"指的是粒子的动量。

式5-8

$$E = (m_0c^2)^2 + (pc)^2$$

式5-8可以分成式5-9中的两种形式。式5-9表示粒子拥有的相对论［性］能量值可以为正或为负。就像2的平方是4，-2的平方同样是4一样（式5-10）。

式5-9

$$E = +\sqrt{(m_0c^2)^2 + (pc)^2} \qquad \text{正能量}$$

$$E = -\sqrt{(m_0c^2)^2 + (pc)^2} \qquad \text{负能量}$$

式5-10

$$2^2 = (+2)^2$$
$$2^2 = (-2)^2$$

这个公式说明，无论是正能量还是负能量，进行平方运算后都会得到E^2（在这个例子中是2^2）这样的正值。

由此可见，无论是正能量还是负能量，只要经过平方运算，都会成为正值。那么，在考虑平方运算前粒子拥有的能量时，就必须考虑正值与负值两种情况。

狄拉克波动方程可以描述电子的波函数，为了满足狭义相对论的要求，这一方程必须包含拥有正能量的电子和拥有负能量的电子。拥有负能量的电子真是前所未闻。但是，为了满足狭义相对论，我们无法轻易将这种奇怪的电子从理论中剔除。

这种拥有负能量的粒子具有怎样的物理学意义、应该如何应对，这让当时的科学家们颇为头疼。最后，他们产生了"拥有负能量的粒子会在时间中逆行"这一想法。

在时间中逆行？也就是说，拥有负能量的粒子会按照"未来→现在→过去"的方向在时间中运动。从这一思路中诞生了全新的解释方式，使难题终于得到了解决。

这种解释方式是：拥有负能量的粒子在时间中逆行，等同于拥有正能量的反粒子在时间中顺行。也就是说，拥有负能量的粒子可以用拥有正能量的反粒子替代。

在这里，"反粒子"第一次在物理学史上登场。

当然，如果换一种解释方式，也可以想象拥有负能量的电子在时间中逆行，从未来逆行到现在，然后以现在为界变身为拥有正能量的普通电子重新回到未来。但是，我们实际上并没有观测到拥有负能量的电子，说它在时间中逆行还是过于科幻了。

引入反粒子后，我们可以简单地认为，粒子和反粒子都拥有正能量，都在时间中顺行。通过引入"反粒子"这一卓越的概念，终于排除了"负能量"这个棘手的存在。

从理论的整合性出发，粒子与其反粒子质量完全相等。粒子与反粒子决定性的差异在于，尽管它们拥有完全相同的电荷量，其电荷的符号却截然相反。比如电子带负电荷，而反电子则带正电荷。反电子因为带正电荷，又被称为"正电子"。

实际上，人类第一次成功观测到的反粒子正是正电子。观测结果表明，正电子的确拥有正能量，与普通的粒子一样，它也按照"过去→现在→未来"的顺序在时间中顺行。

现已证明，所有粒子都存在反粒子，无论是基本粒子还是由几个基本粒子构成的复合粒子（例如质子或中子）。唯一的例外是光子。因为光子不带电荷，所以它的反粒子还是光子。

顺便提一下，不带电荷的中子也存在反粒子，这是因为中子是复合粒子。如前所述，中子并非基本粒子，而是由一个上夸克和两个下夸克组成的，所以，反中子则是由一个反上夸克和两个反下夸克组成的。

夸克可以用"q"来表示，反夸克则会用"$\bar{q}$"来表示。因此，中子可以表示为（u–d–d），而反中子则可以表示为（$\bar{u}$ –$\bar{d}$ –$\bar{d}$）。中子与反中子不是同一种物质。

构成普通原子的粒子有三种，分别是电子、质子和中子。将这些粒子全部置换成反粒子（即反电子、反质子和反中子）后，就能构成反原子。全部由反原子组成的物质被称为"反物质"。这个宇宙中尚未发现反物质的存在。

反粒子特有的现象

现在，我们终于做好了解释电子对生成的准备。质量为零的电磁波会转换为拥有质量的粒子，这是只有 $E = mc^2$ 才能引发的现象。

反粒子最重要的特征是会和正粒子发生湮灭。湮灭是指反粒子与对应的正粒子相遇时，二者会立刻消失，而且是彻底消失，它们消失的地方会出现仅由纯粹的能量组成的电磁波（光子）(图5–2)。正粒子—反粒子对消失，因此，湮灭现象又被称为"对湮灭"。

湮灭现象发生后，在发生湮灭的地点，必然会出现电磁波。在图5–2的电子对湮灭前，电子和反电子以相同

图5-2

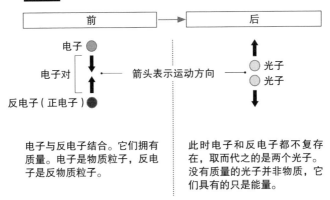

| 前 | 后 |

电子 ●

电子对

反电子（正电子）●

箭头表示运动方向

● 光子
● 光子

电子与反电子结合。它们拥有质量。电子是物质粒子，反电子是反物质粒子。

此时电子和反电子都不复存在，取而代之的是两个光子。没有质量的光子并非物质，它们具有的只是能量。

的速度正面相撞，因此总动量为零。根据动量守恒定律，电子对湮灭前后的总动量必须保持不变（为零），因此，两个光子出现时，必须朝着完全相反的方向运动。

电磁波并非物质，所以没有质量。而电子与反电子作为物质粒子和反物质粒子，是拥有质量的。也就是说，湮灭意味着物质彻底消失，转化为纯粹的能量（光子），即第138页例1中的物质的能量化。

我们可以认为这种现象是 $E=mc^2$ 等式两边交换后的逆转状态（式5-11）。也就是说，质量 m 转化为了能量 E。

式5-11

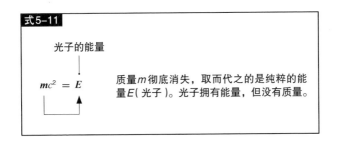

光子的能量

$$mc^2 = E$$

质量 m 彻底消失，取而代之的是纯粹的能量 E（光子）。光子拥有能量，但没有质量。

电子对生成是与此完全相反的现象。

拥有巨大能量的 γ 射线是电磁波（光）的一种，因此也可以表现为粒子（光子）。电子对生成是指拥有巨大能量的光子彻底消失，在消失的地点出现电子—反电子对。纯粹的能量彻底消失而物质出现，这就是能量的物质化。

质量为零的光子要想转化为拥有质量的物质粒子，光子所拥有的能量必须大于生成的两个电子（电子—反电子对）的静止能量（$2 \times m_0 c^2$）。这同样是基于 $E = mc^2$ 产生的现象。

※

$E = mc^2$ 确实是一个耐人寻味的公式。

能量与质量，再加上光速，这个简单的公式中只有三个"人物"登场，而且其中的每一个都很容易理解，都是物理学中为大家所熟知的。然而，这个简单的公式却不断引发令人"大惊失色"的现象，所以，它真的无愧于"全世界最著名的公式"这一称号。

有时能量会变成物质，有时物质会变成能量。接触到 $E = mc^2$ 后，"物质究竟是什么""能量究竟是什么"这些问题就会不断地在我们的头脑中盘旋。

其实，$E = mc^2$ 中还藏着更为惊人的秘密。在原本空无一物的空间（即真空）中究竟会出现什么样的现象？这是困扰爱因斯坦整个晚年的一大难题。现在，就让我们揭开它的面纱，解开本书有关 $E = mc^2$ 的最后一个奥秘吧。

第6章

真空能量
的奥秘

——$E = mc^2$ 与场的振动间的神奇关系

什么是真空

在第4章结尾，我曾经向大家预告：将不确定性原理应用于真空中时，会发生不得了的现象。在第5章中，我详细介绍了通过 $E = mc^2$ 完成的物质的能量化与能量的物质化这两种惊人的现象。在真空空间中，$E = mc^2$ 会使更不可思议的现象发生。

究竟会发生什么样的现象呢？为了了解这一现象，我们首先要弄清楚"真空"是什么。

嗯？你说真空是什么？那不很简单嘛，就是空无一物的空间呀。

当然了，真空就是去掉以空气为代表的一切物质及能量的绝对空无一物的空间。

然而，真空的结构绝非如此简单。如果你认为这句话看起来有什么不妥，说明你的物理学直觉非常敏锐。没错，本应空无一物的真空竟然是有结构的。

事实上，真空中存在无源的能量。更准确地说，就算从空间中移走所有的物质和能量，无论如何也还会留下一部分能量。此外，在真空空间各处，有无数的粒子诞生又消失，周而复始。麻烦的是，这些能量和粒子无法进行观测，也就是说，我们看不到它们。

还有更奇妙的事情。其实，这部分无源的能量和无数诞生又消失的粒子是同一种东西。能量和粒子竟然是同一种东西！反应快的人应该已经明白了吧。从这句话中，你是不是嗅到了 $E = mc^2$ 的味道？

即使看不到，也是存在的

想必大家已经很熟悉思想实验了，现在就让我们再来进行一次。

假设你体质特殊，不借助任何装置就可以在绝对零度的真空空间中生存。而且，这一空间中不存在任何引力场。你带着能够检测空气是否存在的机器，这个机器只要检测到空气就会发出声音，而这个机器此时并没有发出任何声音。你一定会想：果然如我所料，真空中什么都没有，连一个空气分子都不存在。

你不是唯一一个这样想的人。"真空就是什么都没有的空间"这一观念几乎根植于所有人的脑海中，这是因为人类的感官无法感知到真空。我们在真空中，什么都看不到，什么都听不到……既然如此，我们当然能够充满自信地作出"那里什么都没有"这样的判断。

然而，如果持有科学的态度，我们应该想一想，那里是否存在着人类感官无法感知到的物体。在不知道空气分子存在的时代，人们不就曾认为地面上的空间中什么都没有吗？就算是现在，不知道空气是什么的小孩依然会觉得自己周围的空间中什么都没有。

空气当然存在，只是我们看不到而已。仅仅因为什么都看不到，就认为这里什么都没有，这个结论未免下得太早。日本诗人金子美玲曾经在《星星与蒲公英》一诗中写道:"即使你看不到,它们依旧在那里。看不到的东西也是存在的。"现在我们已经发现,真空中确实存在着人类感官无法感知到的东西。

尽管我们看不到,空气的温度和压力依然在不断变化。与此相同,存在于真空中的某种东西也在不断变化。也就是说,存在于真空中的某种东西可以作为物理学的研究对象,其中存在需要被解开的原理。正是这种原理,将爱因斯坦的狭义相对论发展为广义相对论。

真空中究竟存在着什么?

在有空气存在的空间中,当所有位置的温度和压力完全相同时,任何部分的空气,其物理学性质都是完全相同的。

现在,假设我们有一种装置,可以观测有空气存在的空间。在上述空间中,无论我们将装置移动到哪里,无论让装置如何旋转,空间都不会产生任何变化。在移动和旋转前后,该装置观察到的空间完全相同。处于这种状态下的有空气存在的空间是对称的,或者可以说保持着对称性。

实际上,构成现在的宇宙的真空空间并没有保持对称性。作为打破对称性的结果,$E = mc^2$ 中不可或缺的"m"(即质量)诞生了。关于这件事,稍后我将详细说明。

真空中存在着人类感官无法感知到的东西。在宇宙诞生初期,真空空间处于完全对称状态,就像刚才所说的有空气存在的空间一样，就算改变观测位置和观测角度也不会产生任何变化。那么，存在于真空中的东西究竟是什么呢？

给大家的提示是第3章中登场的"场"。其实，存在于真空中，人类感官无法感知到的东西是"量子场"，这是一种极为抽象的场。

量子场始终在振动。在本章开头我曾经说过，在真空空间各处，有无数粒子诞生又消失，周而复始。这些不断诞生又消失的粒子正是因量子场的振动（真空的振动）而产生的。

粒子不断诞生又消失，它们的寿命极短，在诞生之后就会如同泡沫一样立刻消失，刚刚消失又会立刻出现。无论用何种方式理解，这种生存状态都明显与构成宇宙的其他事物（比如构成我们身体的物质粒子），截然不同。

这种以难以理解的方式运动的粒子被称为"虚粒子"（假想粒子）。真空其实是一个充满虚粒子的世界。而且，即使充满了虚粒子，宇宙初期的真空依然保持着对称性。

什么是"零点振动"

存在于真空中的量子场振动究竟是怎样的现象呢？

让我们通过与温度的比较来理解。

任何物质都有三种物态，即固态、液态和气态。一种物质的物态由该物质的温度所决定（准确来说，物态与压力同样有关）。物质的温度是构成该物质的原子或分子的平均动能。粒子的动能由其速度决定，完全静止的粒子动能为零。

现在，假设构成某种物质的原子和分子全部处于完全静止状态。这种情况下，原子与分子的平均动能自然为零，所以该物质的温度同样为零。

因为这是平均动能为零时的温度，所以不可能存在比此更低的温度。以原子或分子的平均动能为基准定义的温度被称为"绝对温度"。绝对温度中的最低温度是绝对零度，将其换算成摄氏温度是零下273.15℃，这是宇宙中温度的下限。

在完全不存在原子与分子的真空中，当然不会出现动能。因此，真空的温度为绝对零度。

然而就在这时，规定所有量子运动的基本原理发挥了威力。它就是在第4章中登场的"不确定性原理"。之前我已经介绍过不确定性原理的两个方面，这两个方面将分别对真空造成影响，为$E = mc^2$发挥作用做好准备。

根据不确定性原理的第一个方面——位置与动量的不确定性原理，粒子的速度（动量）与位置总是伴随着模糊性，无法获得确定的值。然而，处于绝对零度的粒子完全静止，因此我们可准确得知该粒子的速度（动量）为零。也就是说，我们得到了动量为零这个确定值。

不确定性原理是规定所有量子运动的基本原理，自然不会允许这样的粒子存在。也就是说，粒子动量为零、完全静止的情况在理论上不可能出现。无法保持完全静止状态的粒子就算处于绝对零度的环境中，也会不停地振动，这就是"零点振动"。零点振动中的"零"来源于绝对零度。

留在真空中的场

真空是不存在以空气分子为代表的任何拥有质量的物质粒子的空间。不存在任何物质粒子这一点非常重要，如果是"不是物质的某种存在"，就有可能存在于真空中。

事实上，即使在真空中，也存在以电磁场为代表的力场。真空无法排除的就是力场。因此才如我在第3章中介绍过的那样，力能在真空中传播。因为场并非物质，所以即使存在场，真空依然是真空。

而力场拥有能量。留在真空中的场，其能量是宇宙中能存在的最低能量，不过它的值并不为零。尽管是宇宙中能存在的最低能量，它的值却并不为零，这句话拥有极为重要的意义。真空中的场所拥有的最低能量是真空能量。

根据不确定性原理，拥有最低能量的场会发生零点振动，即留在真空中的场会进行振动。这就是量子场的振动。根据量子场论，场的振动被量子化，作为粒子出现。这正是先前登场的虚粒子（假想粒子）。在真空空间中，人类感官无法感知到的量子场在进行振动，其振动又产生了粒子。这正是物质（粒子）"无中生有"的过程。

粒子能够"无中生有"？这种事情究竟是如何发生的呢？

电荷守恒定律带来的制约

掌握着粒子"无中生有"问题关键的，正是不确定性原理的第二个方面——能量与时间的不确定性原理。

根据这一原理，当能量的幅度与时间间隔的乘积为一个定值时，二者呈现一个增加另一个减少的关系。这就意味着，当时间间隔无限小时，能量的幅度将变得极大，能量可以取该幅度之内的任意值。

因为可以取任意值，所以在不确定性原理允许的时间间隔内，能量守恒定律可以被打破，从真空中诞生能量。从真空中诞生的能量只能存在于极短的时间间隔内，然后会立刻回归并消失在真空中。

现在轮到 $E = mc^2$ 再次登场了。

在不确定性原理所允许的时间间隔内，真空中出现了能量，这意味着，这部分能量可以经由 $E = mc^2$ 转化为质量。也就是说，真空中会出现拥有质量的粒子。

然而，当粒子诞生时，并非所有类型的粒子都能随意出现。这个过程中，一项支配大自然的物理法则还是会发挥重要的作用，这就是"电荷守恒定律"。电荷守恒定律是指电荷绝对不会凭空出现，也不会凭空消失。所以，对于电荷来说，不存在不确定性原理。

当粒子打破能量守恒定律，从真空中诞生时，并不会出现单独的电子。因为真空不带电荷，所以如果出现了单独的电子，就会造成负电荷过剩的情况，打破电荷守恒定律。正如前文所述，电荷一定会依附物质粒子出现，所以带电粒子不会单独出现在不带电荷的真空中。单独？那么，如果是不止一个粒子，又会怎样呢？

没错，如果分别带等量正负电荷的两个粒子成对出现，就能遵守电荷守恒定律了。听到"带等量正负电荷的粒子对"，是不是已经有人灵光一闪了？请回忆一下在第5章中登场的"反粒子"，它正是与原粒子质量相等且拥有相反电荷的粒子（电荷量同样与原粒子相等）。

也就是说，要想在满足电荷守恒定律的同时在真空中创造出带电粒子，就一定要让粒子与反粒子成对出现。在净电荷为零的真空中，就算出现了总电荷数为零的粒子—反粒子对，也不会违反电荷守恒定律。

平安诞生的粒子—反粒子对受到不确定性原理的制约，必须在有限的时间间隔内成对消失于真空中。粒子—反粒子对在真空的各个角落不断重复着诞生与消失的过程。

另外，因为不带电荷的粒子完全不受电荷守恒定律的影响，所以真空中会不断有光子诞生与消失。而且，光子在消失前会变成电子—反电子对，电子对消失后又会成为光子（电子对湮灭）。

真空中粒子的诞生与消失此起彼伏，然而我们却没有办法直接观测到这壮丽的景象。因为这些粒子的寿命仅限于极短的时间间隔内。在这段时间间隔内，基于不确定性原理，能量守恒定律可以被打破。因为我们绝对无法观测到这些粒子，所以它们全都被称为"假想粒子"。

由于这些假想粒子的出没，真空能量会一直变动，这也是量子场振动的源头。不过，虽说场在振动，但如前所述，真空能量是宇宙中最低的能量状态，因此我们绝对无法把能量从真空中取出。

你问我这是为什么？这是因为能量会像水一样从"高处"向"低处"流淌。要想将真空能量提取到我们的世界中（使真空能量流入现实世界），就必须在现实世界中制造出能量更低的状态。然而，真空已经处于宇宙中能量最低的状态了……

真空能量无限大？

量子力学崛起后不久，其与狭义相对论联手组成的量子场论就登上了历史舞台。根据量子场论，所有基本粒子都是场的振动量子化后形成的粒子（量子），这与它们是否拥有质量无关。

比如，真空中存在电子场。将电子场的振动量子化后形成的粒子就是电子。同样，真空中电磁场的振动形成了光子这种粒子。将真空中量子场的振动（即零点振动）量子化后形成的粒子则是虚粒子。

根据量子力学，粒子同样会以波的形式运动，这一点同样适用于虚粒子。在整个真空（宇宙）中，无数个虚粒子通过 $E = mc^2$ 出现在各处。这一事实带来了一个疑问：既然如此，那真空中是不是应该蕴含着无限大的能量？这又是怎么一回事呢？

根据不确定性原理，虽然虚粒子在真空中出现的时间极短，但它可以在这段时间内打破能量守恒定律，虚粒子的能量可以为任意值。虽然一个虚粒子只能有一个能量值，但考虑到真空中存在无数个虚粒子，虚粒子可以拥有的能量值的幅度就变成了从零到无限大。这才是能量值不确定的真正含义。

下面，让我们来思考虚粒子作为波时的情况。

波是振动通过某种媒介传递的现象。在这里，我们的媒介是真空，所以虚粒子波是在真空中传播的波（这里并不一定是指电磁波，虚粒子以波的形式运动时，就是在真空中传播的波）。

任何波都有频率和波长。当粒子以波的形式运动时，波以一定的频率进行振动。根据量子力学，作为波的粒子所拥有的能量与其频率成正比：频率越高（振动速度越快），粒子拥有的能量越大；频率越低（振动速度越慢），粒子拥有的能量越小。

以波的形式运动的虚粒子，其拥有的能量同样与波的频率成正比。无数个虚粒子出没于真空空间的各个地方，这些虚粒子对应的波，其数量同样有无数个。虚粒子的能量值不定，可拥有的能量幅度从零到无限大，对应的无数个波的频率同样可以从零扩展到无限大（不用说，频率为零就是指完全没有振动，频率无限大就是指每秒振动无限次）。

虚粒子以波的形式运动时，形成的正是真空中场的振动。真空中场的振动是零点振动，零点振动以波的形式传播，这种波拥有的能量（与其振动频率成正比）就是"零点能"。零点能正是真空拥有的能量。

真空中存在无数个零点振动。它们以不同的频率振动，既有振动缓慢的零点振动，也有振动迅速的零点振动。零点振动的频率范围从零到无限大。因为零点能与零点振动的频率成正比，所以在计算真空能量时，要将每个零点能对应的频率相加。也就是说，要将从零到无限大的频率进行相加。

如果将零到无限大的频率连续相加，真空能量确实会变成无限大。就算如同下面的例子一样不连续地进行相加，从零到无限大的和同样会是无限大：

$$0 + 1 + 2 + 3 + \cdots\cdots + 1001 + 1002 + \cdots\cdots + 无限大 = 无限大$$

结果，根据量子场论，即使真空的温度是绝对零度，真空中依然有无限大的真空能量存在。但是，真空能量无限大这种事情真的有可能发生吗？

宇宙中最小的长度是存在的

如前所述，波有频率和波长，二者的关系成反比。

无数个波有无数个波长，所以，波长可以从零到无限大。波长与频率成反比，波长越短频率越高，所以波长为零的波，其频率可以达到无限大。

波长为零的波每秒可以振动无限次？这种事情真的

会发生吗?

事实上,在这个宇宙的真空中存在"最小的长度"。宇宙中最小的长度被称为"普朗克长度",在长度小于它的范围内,物理法则将不再适用。也就是说,不存在波长小于普朗克长度的波。

不存在波长小于普朗克长度的波,这意味着不存在波长为零的情况,同时也不存在频率无限大的情况。也就是说,不存在频率无限大的零点振动。

结果,根据量子场论得出的真空能量并非无限大。不过,毕竟普朗克长度仅为 1.6162×10^{-33} 厘米,短到人类无法感知,所以零点振动的最大频率依然是超乎我们想象的。真空能量并非无限大,但也大到接近无限。

真空能量与热能

虽说真空能量并非无限大,但真空中拥有如此巨大的能量却还能保持绝对零度,听起来实在有些不可思议。

这一关键在于能量的种类。真空能量并非热能。因此,无论真空能量有多大,真空的温度都依然可以保持在绝对零度。因为真空的温度保持在绝对零度,所以真空能量无法被取出。

不过,如果真空中存在能够实际观测到的电磁波(光),情况就大不相同了。在这里,让我们将这样的电磁波称为"实电磁波"。

包括太阳光在内,我们肉眼可见的光全都拥有能量。

实电磁波不分昼夜地在地上空间中穿梭。白天，太阳放出的实电磁波会来到地上空间。

电磁波可以被认为是光子的集合。现在我们提到的光子是实光子，并非虚光子。如果真空中存在数量庞大的实光子，加上原本的真空能量，这些光子拥有的能量就会显现出来。能够实际观测到的实光子拥有的能量并非最低能量，它们的能量可以被提取出来。

比如，实电磁波（光）被物体吸收时，物体的温度会升高，甚至可能燃烧起来，就像用凸透镜把太阳光聚集到一张薄薄的纸上，纸会燃烧起来一样。

这就意味着光能转化为了热能。因此，如果存在（实）光，可以拥有等价的热能的真空温度将不再保持绝对零度。光的能量可以让真空达到几万亿度的高温。此外，现在的宇宙中还能观测到大爆炸时留下的余辉，这就是宇宙背景辐射，其温度约为零下270℃。

对质量的起源没有做出贡献的 $E = mc^2$

刚才我已经说过，我们无法提取出真空能量。这具有非常重要的意义。这意味着，无论出现多少个虚粒子，都绝对无法仅依靠它们通过 $E = mc^2$ 创造出物质。事实上，自宇宙诞生以来，从来没有出现过数量巨大的虚粒子聚集在一起形成物质的情况。

宇宙诞生初期的真空能量无法通过 $E = mc^2$ 创造出质量，其原因是真空能量并非能够实际观测到的实能量。

质量的起源是物理学的重要课题之一，尽管 $E = mc^2$ 非常重要，但它与宇宙最初期质量的出现无关。

那么，质量究竟来自哪里？是谁为 $E = mc^2$ 发挥威力打下了基础？握有这一问题关键的是"对称性"。

本章开头，我已经为大家说明了宇宙初期的真空空间保持着对称性，也提到了构成现在的宇宙的真空空间并没有保持对称性。首先，让我们一边回顾宇宙诞生初期发生的事情，一边探寻对称性为什么会被打破，以及质量是如何诞生的。

超过光速的高速

宇宙刚刚诞生时，尚处于没有物质存在的"无"的状态。这时的宇宙曾经出现过暴胀，即宇宙瞬间膨胀的现象。引发宇宙暴胀的场被称为"暴胀场"。

在宇宙刚刚诞生后形成的真空中，已经存在基于不确定性原理的量子力学的振动。当时的宇宙空间规模远小于一个原子，因此，基于不确定性原理的真空的振动效果显著。真空的振动通过暴胀（宇宙超高速膨胀）扩散开，在整个宇宙空间中制造了"褶皱"，让宇宙出现温度不均匀的现象，而这又成为孕育星系的"种子"。这同样是一个格外神奇的现象。

从理论上讲，暴胀发生在宇宙诞生后 10^{-36} 秒到 10^{-34} 秒。这段时间间隔短到要在小数点后面写33个0，人类完全无法感知。

暴胀前，宇宙的大小约为 10^{-32} 毫米（当然，我们并不知道准确数值），它在这段极短的时间内膨胀了 10^{33} 倍。暴胀刚刚结束时，宇宙的大小约为 1 厘米（当然，这也是估算值）。

暴胀让宇宙在 10^{-34} 秒内从 10^{-32} 厘米膨胀到了 1 厘米。请不要说"什么嘛，才 1 厘米"这种话，这可是在 10^{-34} 秒内扩大了多达 33 个数量级！

在暴胀期，宇宙的膨胀速度超过了光速。我仿佛听到了大家的抗议：不是说光速是这个宇宙中速度的上限吗？其实，这完全不违背相对论。因为暴胀是真空空间本身在膨胀，所以就算超过光速也不存在任何问题。

如此剧烈的膨胀自然需要相应的能量。学界尚未找到导致宇宙暴胀的确切能量源，但认为其源头可能是真空能量。从宇宙层面看，真空能量可以用爱因斯坦主张的宇宙学常数来进行说明，这个问题我们稍后再谈。

质量的起源

暴胀结束后，真空能量在宇宙中释放，一下子出现了大量热量，宇宙处于仿佛原子弹爆炸的高温状态中。这时，宇宙中出现了强烈的光，发生了大爆炸现象。目前，人类尚未找到使大爆炸发生的本质原因。

大爆炸时，宇宙空间中出现了大量高能光子。这些光子并非虚光子，而是实光子，并且其质量为零。光可以加热物质、烤焦物质，或者使物质燃烧、熔解。原因如刚才所说——光能可以转化为热能。尽管不是确切的数字，但大爆炸发生时的光让那时的宇宙温度达到了约 10^{20} ℃。

暴胀结束在宇宙诞生 10^{-34} 秒后。据推测，大爆炸紧随其后。也就是说，宇宙大爆炸实际上发生在138亿年前。大爆炸之后的宇宙依然在缓慢膨胀。

大爆炸发生时，除了大量的实光子，还有各种类型没有质量的基本粒子（电子、夸克等没有内部结构的粒子）以光速穿梭在宇宙空间中。所有这些粒子的反粒子（同样没有质量）也在以光速运动。根据狭义相对论，没有质量的粒子必然会以光速运动。此外，在当时，一种被称为"希格斯玻色子"的粒子同样穿梭在宇宙空间中。

暴胀结束后，大爆炸发生100亿分之一秒后，真空中出现了巨大的变化。这就是 $E = mc^2$ 无法做到的赋予基本粒子质量。真空中发生了相变，引发了自发对称性破缺。自发对称性破缺的结果是真空中出现了希格斯场。由于篇幅有限，关于希格斯场的详细介绍只得略过，有兴趣的读者请参考其他书籍，比如拙作《真空的奥秘》（真空のからくり，讲谈社BLUE BACKS科普系列）。

希格斯场出现后，在真空中穿梭的无数电子和夸克等基本粒子、反基本粒子与希格斯场发生反应，从而获得了质量。不同种类的基本粒子与希格斯场发生反应的方式不同，反应强烈的粒子会获得更大的质量，反应轻微的粒子只能获得少量质量。基本粒子与希格斯场发生反应后获得的质量是静止质量。

消失的反粒子

大爆炸发生0.0001秒后，宇宙中出现了一种非常微妙的现象。

这一现象起因于粒子与反粒子产生弱相互作用的方式稍有不同。因为这种不同，粒子与反粒子的数量不平衡，粒子数量稍稍超过了反粒子。结果，在相同数量的粒子与反粒子发生湮灭后，就只剩下了粒子。

因极小的数量差而被留下的粒子组成了物质，人类得以诞生。如果被留下的是少量的反粒子，也许就会存在由反物质构成的宇宙和人类了。无论如何，目前，构成基本粒子理论基础的标准模型尚无法详细解释为什么反粒子会消失而只留下粒子。

如前所述，大爆炸之前的真空能量无法通过 $E = mc^2$ 为当时没有质量的基本粒子赋予质量。在宇宙发生自发对称性破缺之前，真空能量很高，这阻碍了希格斯场的出现。等到真空能量降到最低，希格斯场才得以出现。换句话说，希格斯场在自发对称性破缺后才得以出现在真空中。

希格斯场出现的结果是电子和夸克等基本粒子获得了质量。根据狭义相对论，基本粒子一旦获得质量，就无法继续以光速运动，而是会随着质量的增加而减速，各自以小于光速的速度运动。

而光子完全没有与希格斯场发生反应，因此没有获得质量，可以继续以光速穿梭于宇宙之中。从此，宇宙空间不再对称。

如果质量从宇宙中消失

与其他场相同，希格斯场也会发生量子振动。量子振动产生了希格斯粒子。

如果在真空空间的局部注入巨大的能量，希格斯场的量子振动就会获得能量，在我们面前作为希格斯粒子现身。但是，希格斯粒子质量过大，因此，通过 $E = mc^2$ 转化出的能量也极高，处于极不稳定的状态，瞬间就会衰变成更轻、更稳定的粒子。科学家就是通过仔细调查衰变过程，发现了希格斯粒子存在的线索。

不过，在2012年被发现的希格斯粒子只是标准模型范围内的希格斯粒子。在标准模型范围外，存在其他种类希格斯粒子的可能性非常大。

希格斯场现在依然存在于包括地球在内的整个宇宙中。如果希格斯场消失，宇宙中的一切质量都会消失，所有物质都会消亡。如果出现这种情况，$E = mc^2$ 将如何发挥作用？

另外，自发对称性破缺来源于2008年诺贝尔物理学奖得主南部阳一郎博士的构想。南部博士的构想激发了五位科学家的灵感，他们预言了希格斯粒子的存在。其中两人获得了2013年的诺贝尔物理学奖，他们就是彼得·希格斯博士和弗朗索瓦·恩格勒博士。

元素周期表上没有的物质

近年来，人们发现在本以为已经充分了解的宇宙规律中，还蕴含着新的谜题。其中之一就是暗物质的存在。

高中的化学教科书一定会附有元素周期表。截至2018年1月末，元素周期表上共有118种原子，它们全都是由通过希格斯场获得质量的粒子构成的。之前，人们认为存在于这个宇宙中的一切物质都是由元素周期表上的原子构成的。然而，事实并非如此。

这个宇宙中的质能其实有约27%是由元素周期表以外的存在构成的。它们究竟是什么？人们尚未揭开它们的神秘面纱。它们并不会与光发生相互作用，因此被称为"暗物质"。

暗物质的质量并非经由希格斯场获得。那么，它们究竟是如何获得质量的呢？有科学家推测，暗物质本身就是由希格斯粒子构成的。但根据此前的观测结果可以得知，暗物质极为稳定，而希格斯粒子则如前所述，是极不稳定、会立刻衰变的粒子。

令人吃惊的是，由元素周期表上的原子构成的"普通物质"仅占宇宙总质能的5%左右，反而是未知而神秘的暗物质占据压倒性多数。

我们不仅不了解暗物质的"真面目"，也不清楚它的来源。根据对引力作用的观测，可以得知暗物质的质量同样是引力质量，也会产生万有引力，因此，暗物质可以将各星系中数量庞大的星体禁锢在本星系之内。暗物质的引力作用同样会影响到星系的形态。这样一想，在宇宙形成众多星系的过程中，暗物质一定发挥了重要作用。

与宇宙规律相关的新谜题中还有一项，那就是暗能量。如果将这种神秘的能量通过 $E=mc^2$ 进行换算，它们甚至占到了整个宇宙能量的68%之多！为了弄清暗能量究竟是怎样的能量，我们需要从它们的发现开始讲起。

在这里，我们将了解到爱因斯坦深入思考过的有关能量（E）和质量（m）的"坎坷"故事。

能量和质量会弯曲

前文中，我已经指出真空中存在某种东西，它可以成为物理学的研究对象，其中存在着需要解开的规律。正是这一规律使爱因斯坦的狭义相对论发展成为广义相对论。

现在，终于到了广义相对论登场的时候。本来，本书的主角 $E=mc^2$ 只是狭义相对论的结果，但广义相对论可以深化这一公式的作用。

一个物体能够以真空为媒介对另一个物体施加引力，这一事实让真空成为某种实体，和物体一样能够成为物理学的研究对象。根据这一思路，爱因斯坦想到了空间弯曲的可能，这一点着实伟大。爱因斯坦认为，空间的弯曲受到该空间中存在的质量的影响，即质量使空间发生了弯曲。

爱因斯坦在1905年发表了狭义相对论，十年后，他又发表了广义相对论。狭义相对论的"狭义"之处，在于它仅仅适用于匀速运动的惯性系，而不适用于加速运动的系统。

爱因斯坦很清楚，只考虑惯性系是缺乏普遍性的，因此，他花费10年时间构筑出了广义相对论。在广义相对论中，无论从怎样的坐标系中进行观测（坐标系做匀速运动或加速运动），物理法则都不会发生变化。广义相对论成了实质上的"引力理论"。这一理论的基础是无法区别物体的惯性质量与引力质量，或者无法区别引力与惯性力的等价原则。

根据广义相对论，质量和能量（请注意，$E = mc^2$让质量与能量等价）会使其周围的时间和空间（即"时空"）发生弯曲。引力能够用时空弯曲的程度来表现，弯曲程度越大说明引力越强，弯曲程度小说明引力越弱。也就是说，广义相对论是用时空弯曲来替换引力的理论。

需要注意的是，使时空弯曲的并非引力，而是质量（及通过$E = mc^2$转换的能量）。那么，时空的弯曲究竟是什么呢？让我们把时间和空间分开来考虑。

时间的弯曲是指时间的伸缩，即时间流速加快或减慢。这与时钟出现故障造成的时间变快或变慢存在本质差异。就算这个世界上不存在时钟，甚至不存在人类，宇宙中依然存在时间。时间的弯曲即时间的伸缩，指的就是这种本质上的时间流逝方式的变化。

让我们来更加详细地解释一下时间的弯曲。

从引力场较弱的空间观察引力场较强的空间时，引力场较强的空间中，时间过得比引力场较弱的空间慢。也就是说，引力场较强的空间中时间流速慢。相反，从引力场较强的空间观察引力场较弱的空间时，后者的时间流速快（一切都是相对的，因此才是相对论）。

引力理论的诞生

那么，空间的弯曲是什么呢?

我们周围的空间实际上并没有弯曲，因为在我们周围的空间中，光是沿直线前进的。物体的影子会忠实地描绘出该物体的轮廓，这就是光沿直线前进的证据。（注：因为光是电磁波，所以它在通过物体边缘时会发生轻微的弯曲，这是光的衍射现象。此外，光从空气斜射入水和玻璃时还会发生折射现象。不过，广义相对论中光的弯曲与衍射、折射无关。）

但在通过弯曲的空间时，光会沿着空间弯曲着前进，因此，其路线就会出现弯曲（光会沿着弯曲空间中两点间的最短距离前进）。在弯曲的空间中，光的行进路线被称为"测地线"。

只用光来说明过于笼统，让我们以具体的激光为例来进行说明——激光弯曲则说明其所在的空间是弯曲的。

因为引力可以被替换为时空的弯曲，所以存在引力场的空间就会弯曲。我们周围的空间（无论是否有空气）充满着由地球的质量引发的引力场。尽管如此，我们却无法观测到激光的弯曲，只能看到激光沿直线前进。这是因为我们只看到了一小部分空间。让我们想象一个直径为1000米的圆，如果只截取圆周上的1厘米，这段弧线就可以被视为直线。这两件事是同样的道理。

爱因斯坦的广义相对论方程也被称为"引力场方程"。这个方程的含义可以表述为"质量、能量以及动量是时空弯曲的原因"。无论从匀速运动的惯性系中观察，还是从加速运动的坐标系（非惯性系）中观察，这个方程的数学形式都完全相同（想更加了解爱因斯坦引力场方程的读者，可以参考拙作《时空的奥秘》）。

狭义相对论只适用于惯性系，广义相对论将其普遍化，适用于包含加速运动的非惯性系在内的所有系统。同时，这个理论还成为解释引力的"引力理论"。

宇宙是由引力统治的，解开广义相对论的引力场方程后，"黑洞"和"膨胀宇宙"即将登场。

引力使天体不稳定，使科学家困惑

爱因斯坦推导出引力场方程时，对结果中的一点并不满意。这一由质量m引起的问题始终困扰着晚年的爱因斯坦。牛顿在发现引力时也曾注意到这一问题。

广阔的宇宙空间中存在着各种各样的物体，即各种星体和星系。所有物体都有（正）质量，因此相互之间会产生引力，即"万有引力"。各种质量相互作用，难道不会让宇宙处于极不稳定的状态吗？

让我们以漂浮在宇宙空间中的三个物体为例来思考（图6-1）。假设左侧的物体A与右侧的物体C通过某种方法被牢牢固定在宇宙中（不要问我是怎么固定的），而中间的物体B可以自由运动。这三个物体会分别受到来自其他物体的引力。

图6-1

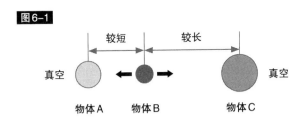

位于中间的物体B受到来自两边的物体A和物体C的引力。图中的箭头表示中间的物体B所受引力的方向和强度。物体A质量较小，但它与物体B距离较近；物体C质量较大，但它与物体B距离较远。物体B停在了受到来自物体A和物体C引力的合力为零的位置上。

根据牛顿的引力理论，作用于两个物体之间的引力与物体之间距离的平方成反比。物体之间的距离减半，则引力增加为原来的4倍（变强）；物体之间的距离变为原来的2倍，则引力减小到原来的1/4（变弱）。

引力对距离的变化非常敏感。因此，只要物体B稍稍向左或者向右移动一点点（哪怕只移动0.00001毫米），力的均衡就将无法保持，物体B将逐渐向左或向右加速，最终与物体A或物体C相撞。

这与在圆锥体顶部放一个球的情况相似（图6-2）。

当球完全保持平衡时，这个状态将会持续；但是，如果球稍微向某个方向移动，就会立刻从顶部滚落。球停留在顶部这件事本身使球处于极不稳定的状态。请大家回忆一下"大自然厌恶高能量"这件事。

图6-2

不稳定的球

圆锥体

引力能让所有物体处于这种极不稳定的状态。刚才我们一直假设图6-1中的物体A和物体C是被牢牢固定住的。而在真正的宇宙中，物体A和物体C同样是不固定的。因此，中间的物体B将和位于圆锥体顶部的球一样，处于极不稳定的状态，三个物体绝不可能处于乖乖静止的状态。我要再次强调，这种不稳定状态的形成是因为引力是"吸引的力"。

按照这个思路，我们实在难以相信，宇宙中存在的数万亿个星系，它们都会稳定地存在于自己的位置上。在牛顿所处的时代，人们尚不知晓宇宙中存在众多的星系。尽管如此，牛顿依然察觉到了宇宙的不稳定。

在爱因斯坦的引力场方程中出现了同样的问题。对不知道质量与能量等价性的牛顿来说，他只要一心考虑引力本身就可以了。然而，对提出了 $E = mc^2$ 的爱因斯坦来说，他对"E"和"m"的关系比谁研究得都深入，却也因此更为"E"和"m"在这一问题中发挥的效用而困扰。

生生不息的"宇宙学常数"

爱因斯坦注意到，利用他的方程观察整个宇宙的话，宇宙的平均质量密度和能量密度（每立方厘米空间中所含的能量）都在随着时间发生变化。如果质量（及能量）密度太大，会导致引力过强，宇宙坍缩；如果质量（及能量）密度太小，则会导致引力太弱，宇宙膨胀。

会出现这一结果，爱因斯坦觉得自己一定漏掉了什么，于是在方程中加入了控制宇宙坍缩与膨胀的常数。这就是"宇宙学常数"，可以用"Λ"表示。

宇宙学常数 Λ 既可以是正值也可以是负值，还可以是零。也就是说，加入宇宙学常数后，爱因斯坦的引力场方程将变得更加灵活，更加具有普遍性。

爱因斯坦选择了正值的宇宙学常数 Λ。这样一来，宇宙空间的各个部分会互相排斥，仿佛加入了反引力的作用。因为宇宙中的物质（质量）自身产生的引力是"吸引的力"，所以星系之间会相互吸引。也就是说，正值的宇宙学常数 Λ 会产生反引力，与宇宙中原本存在的引力相抵，创造出既不膨胀也不坍缩的"静态宇宙"。

通过这种方式得到静态宇宙，就可以解决曾经困扰过牛顿的难题，即"引力让宇宙处于不稳定的状态"这一问题。

然而，在爱因斯坦的引力场方程中，无论是否加入宇宙学常数，都会得出宇宙膨胀或坍缩的解。1929年，哈勃用望远镜观测到了宇宙的膨胀，这个事实又给了爱因斯坦一记重击。现实的宇宙明显不是静态的，而是在发生变化。

最终，爱因斯坦不得不承认自己的引力场方程中不需要导入其他常数，于是去掉了宇宙学常数。

既然不需要宇宙学常数，那么宇宙学常数就应该为零。然而，事情再次出现了反转。在爱因斯坦去世25年后，宇宙暴胀理论登场了。在宇宙刚刚诞生、尚未产生任何一个星系时，曾经发生过极速的膨胀。暴胀理论认为，极速膨胀的诱因正是由宇宙学常数 Λ 引起的膨胀能量。如果宇宙学常数 Λ 取正值，就能产生让空间膨胀的能量，让宇宙的极速膨胀变得可能。爱因斯坦亲手埋葬的宇宙学常数就这样重见天日了。

宇宙学常数更为活跃的舞台

根据观测，一般认为距今131亿年前星系开始诞生。

如果从整体上观察宇宙，就会发现每个星系都不是单独漂浮在空间中的，而是"黏附"在空间中的。因此，当空间膨胀时，星系间的距离就会越来越远。

暴胀结束，宇宙开始缓慢膨胀。然而，科学研究发现，现在的宇宙正在加速膨胀。与过去的宇宙相比，现在的宇宙膨胀速度更快。加快宇宙的膨胀速度，这究竟如何才能做到呢？

现在的宇宙中存在着数量庞大的星系。宇宙竟然能够对抗如此巨大的质量进行膨胀，而且这种膨胀还在加速……宇宙的法则一次又一次向我们抛出了新的谜题。

1998年，萨尔·波尔马特、布莱恩·施密特和亚当·里斯三位科学家共同发现了宇宙正在加速膨胀这一事实，他们也因此获得了2011年的诺贝尔物理学奖。宇宙现在的加速膨胀并非如宇宙诞生初期的暴胀那样激烈。在距今60亿年前，星系已经形成的时期，缓慢膨胀的宇宙突然开始再次加速膨胀，这非常不可思议。

在宇宙暴胀期一跃成名的宇宙学常数 Λ 在一度销声匿迹后，再次回归舞台。也就是说，纵观宇宙的历史，它经历了"暴胀（瞬间极速膨胀）→大爆炸→缓慢膨胀→加速膨胀（现在）"这样一系列的变化。

但是，在距今60亿年前，宇宙学常数 Λ 为何会复苏？宇宙为何开始加速膨胀？这些问题至今依然是谜。爱因斯坦如果知道了这一事实，想必也会非常吃惊。

每个星系都拥有巨大的质量，而质量是引力的源头。我已经反复强调过很多次，引力是"吸引的力"，因此，众星系会因为引力的作用而相互靠近。存在于星系之间的引力与造成宇宙膨胀的力，作用方向相反，也就是说，引力起到了让膨胀"刹车"的作用。而让宇宙加速膨胀的力则以反引力的方式发挥作用，让星系彼此远离。这其中究竟隐藏着怎样的规律呢？

真空的能量密度

宇宙的膨胀是真空空间本身的膨胀。

为了使真空空间加速膨胀，一定需要某种能量。科学家们认为，爱因斯坦提出的宇宙学常数 Λ 代表的其实就是这种能量，它能产生反引力效果，让宇宙加速膨胀。而且，它是一种存在于真空空间的能量。现在，我们一般将这种能量称为"暗能量"。通过 $E = mc^2$ 换算为质量后，这种谜一般的能量占据了宇宙整体质量的68%左右。

目前，人类尚未揭开暗能量的神秘面纱。随着空间不断加速膨胀，真空能量同样在自顾自地增加。但是，能量密度（每立方厘米空间中所含的能量）却似乎一直保持不变。

真空能量可以通过 $E = mc^2$ 换算为质量。通过观测，我们可以得到相当于宇宙学常数的能量密度，通过 $E = mc^2$，这种能量密度又可以换算为质量密度，得出"每立方厘米 10^{-30} 克"这个值。小数点后有29个0，可以说是近乎为零的微小数值。

也就是说，尽管现在的宇宙在加速膨胀，但通过观测得到的宇宙学常数，即暗能量密度却非常小。不过，"每立方厘米 10^{-30} 克"这个数值意味着宇宙中存在着更深层的法则，这就是前文所说的宇宙中物质的组成比例。

将能量密度换算为质量密度后，将得到以下三种比例的组合。

① 由元素周期表上的原子构成的普通物质……5%

② 暗物质（未知的神秘物质）……………27%

③ 换算成质量后的暗能量（神秘能量）………68%

这一惊人的物质构成比例在2000年后已经得到了证实。之前人们普遍认为，星系是由已知的普通物质构成的，而宇宙则是由这样的星系构成的。然而现在，这一质朴的宇宙观已经被彻底颠覆。宇宙的"真面目"再次隐藏在迷雾之中。

顺便说一下，对于暗物质，目前已经有了几种猜测，不过都还没有被证实。

两种真空能量

最后，我为大家介绍一个有关真空能量的尚未解决的问题。

根据量子场论，在绝对零度的真空中存在着无数的零点振动。不过，因为真空中不存在比普朗克长度更小的长度，所以零点振动的频率存在上限。尽管如此，由于普朗克长度的数值极小，仅为1.6162×10^{-33}厘米，所以，由此得出的振动频率上限数值极大。

基于量子场论进行计算，真空能量密度极大，为每立方厘米10^{90}克（1后面有90个0）。这是理论值。

观测得出的真空能量密度（宇宙学常数）如前所述，只有每立方厘米10^{-30}克。这个值不是由任何物理定律推导出来的，而是观测得到的值。

让我们将两个值放在一起来看一下：基于量子场论计算得出的真空能量密度为每立方厘米10^{90}克，观测得到的宇宙学常数为每立方厘米10^{-30}克。这两个值表示的都是使宇宙加速膨胀的暗能量（真空能量）的密度。究竟哪一个才是对的呢？

基于量子场论计算得出的真空能量密度是实际观测得出的真空能量密度（宇宙学常数）的10^{120}倍。这个差距实在太大了。如果基于量子场论计算得出的真空能量密度是对的，那么宇宙膨胀应该会剧烈加速。从距今60亿年前开始膨胀算起，宇宙膨胀的速度应该已经极快，大到太阳系或是其他星系，小到一个原子，都应该早在很久以前就被撕裂了。这就是"大撕裂"理论。

如果出现了大撕裂，我们人类自然就不会诞生。目前，我们的认知明显存在某种错误，但我们尚不知道究竟错在哪里。上文中的两个真空能量密度之差是现代物理学的待解决问题之一。

在爱因斯坦终其一生进行探寻的能量E和质量m中，还隐藏着更深的谜题。

※

我们生活的宇宙中依然隐藏着众多未解之谜。下一次，让我们一起挑战更大的谜题吧。短暂的告别后，我们必将重逢！